CATHERIN SEIB

GESPRÄCHE MIT DEINEM PFERD

Erste Schritte zur Tierkommunikation

KOSMOS

INHALT

KAPITEL 4

KAPITEL 5

KAPITEL 6

Warum es dieses Buch gibt

Es ist eine gefühlte Ewigkeit her, dass ich damit begonnen habe, ausschließlich als Tierkommunikatorin zu arbeiten. Damals konnte man an zwei Händen abzählen, wie viele von uns ihre Dienste öffentlich anboten. Die Webseiten von Menschen, die telepathisch mit Tieren sprachen, waren oft mit verklärten Elementen verziert. Regenbogen, tanzende Katzen oder Fabelwesen waren darauf zu sehen. Dass man mit Tieren telepathisch sprechen kann, war keine bekannte, geschweige denn anerkannte Idee unter Tierhaltern.

Heute habe ich selbst hunderte Menschen dazu ausgebildet, professionell auf telepathischem Weg mit Pferden und anderen Tieren zu sprechen. Davon bieten um die hundert ihre Dienste international auch öffentlich an. Unter Pferdebesitzern ist es mittlerweile vielen bekannt, dass es so etwas wie Tierkommunikation gibt. Fast jeder kennt jemanden, der es mit seinem Pferd zumindest schon einmal ausprobiert hat und ein Pferdegespräch durch eine Tierkommunikatorin hat führen lassen.

Der Ruf der Tierkommunikation hat sich teilweise verbessert, aber der Weg dahin, die vorherrschende, gesellschaftliche Skepsis abzubauen, ist noch weit. Die tanzenden Katzen sind zumindest verschwunden. Ich bin stolz darauf, einen Teil zu diesem Richtungswechsel beigetragen zu haben. Ich bin auch stolz darauf, dass so ein renommierter Tier-, Natur- und Pferdebuchverlag wie Kosmos schon mit meinem ersten Buch »Wahre Freundschaft mit Pferden« den Mut bewiesen hat, die Erfahrungen meiner Arbeit zu veröffentlichen. Mir war es immer sehr wichtig, das Thema bodenständig, für alle zugänglich und einfach zu vermitteln. Denn es ist eben kein esoterisches Geschwurbel, sondern ein ganz natürlicher Sinn, welchen wir benutzen, wenn wir mit anderen Wesen telepathieren.

Dieses Buch habe ich vor vielen Jahren schon einmal zu schreiben begonnen, es dann aber wieder verworfen. Es war mir wichtig, zuerst von meinen Erfahrungen als Tierkommunikatorin für Pferde zu berichten. Ich wollte damit zum Nachdenken anregen und in den Köpfen der Pferdemenschen den Gedankenraum für ihre Pferde erweitern, damit sie zumindest in Erwägung ziehen könnten, dass ihr Pferd viel mehr ist als das, was sie sich gegenseitig so oft vorsagen. Es hat geklappt, mein erstes Buch wurde ein voller Erfolg und nun fühle ich mich frei und bereit, mit diesem Buch allen zu zeigen, wie es denn geht, das Sprechen mit Pferden. Ich habe das Gefühl, dass du als Leser nun bereit bist, dich darauf einzulassen, es selbst auszuprobieren.

In all den Jahren habe ich mittlerweile so viele Basiskurse zur Tierkommunikation unterrichtet, dass sich meine Lehrweise dabei immer weiter optimiert hat. Sie hat sich vereinfacht und kommt dem mutigen, aber zweifelnden Anfänger immer näher. Anscheinend kann ich mich gut in

Du kannst wirklich per Gedankenübertragung mit deinem Pferd sprechen, es versteht dich.

Menschen einfühlen, die damit beginnen wollen, Pferden wirklich zuzuhören. Denn immer schon bekomme ich regelmäßige Rückmeldungen darüber, dass Menschen, die vorab schon einen anderen Kurs bei einer anderen Lehrerin besuchten, erst bei mir den ausschlaggebenden Aha-Effekt erleben konnten. Meine praktische, schnelle, undogmatische und bodenständige Herangehensweise an das Thema hat sich bewährt. Die Mehrheit meiner fertig ausgebildeten Absolventen bietet ihre Basiskurse selbst in dieser oder ähnlicher Art und Weise an, wie ich es tue. Damals war ich die Erste, die sich traute, die Menschen ohne große Warnungen, spirituelle Praktiken oder Vorarbeiten in die Tiergespräche zu führen und sie schon im Basiskurs in der großen Gruppe mit vielen Tieren sprechen zu lassen, anstatt im kleinen Kreis mit nur einem Tier. Ich gab die Kurse einfach so, wie ich sie selbst als Schülerin gerne erlebt hätte. Bei jedem einzelnen Kurs, den ich anfangs unterrichtete, wartete ich darauf, dass mal einer nicht so gut laufen würde. Aber jeder Kurs war ein Erfolg. Immer lernten die Teilnehmer, wie man mit Tieren spricht. Jedes Mal konnten alle Menschen mit den Tieren telepathisch kommunizieren. Und so blieb es. Heute weiß ich, dass das kein Zufall ist.

Unsere gesellschaftliche Skepsis der Telepathie gegenüber steht in keinem Verhältnis dazu, was wir uns und unserem Umfeld antun, wenn wir diesen natürlichen Sinn unterdrücken oder missachten. Er wartet nah unter der Oberfläche unseres Bewusstseins. Er wartet darauf, dass wir uns rückbesinnen darauf, wer wir sind.

In diesem Buch schreibe ich dir alles auf, was ich in den Basiskursen auch vermittle. Ich lasse nichts aus, verheimliche nichts, möchte dich nicht kleinhalten oder dir Angst machen. Ich weiß, dass du es kannst. Ich möchte, dass du dich traust, immer wieder mit deinem Pferd und anderen Pferden zu sprechen. Warum? Weil es die Welt für dich, dein Pferd und für uns alle so viel besser macht.

KAPITEL 1

EINLEITUNG IN DIE TELEPATHISCHE KOMMUNIKATION

Was wäre, wenn du wirklich
mit deinem Pferd sprechen könntest?
Jede Frage, die du jemals hattest,
einfach stellen könntest?
Würdest du es machen?
Der Moment, damit zu beginnen,
ist jetzt.

Einleitung in die telepathische Kommunikation

Bevor du mit deinem Pferd sprichst, bekommst du hier ein paar Informationen vorab, damit du es dir leichtmachen kannst. Noch leichter, als es sowieso schon ist.

TIERKOMMUNIKATION MIT PFERDEN

Dein Pferd spricht mit dir. Es kommuniziert immer mit dir, egal wieviel du davon mitbekommst. Du als sein Mensch bist ihm ein wichtiges, wenn nicht sogar das wichtigste Herdenmitglied. Ob du es glaubst oder nicht. Der Austausch mit dir ist für dein Pferd von existenzieller Bedeutung. Nicht nur weil es von dir abhängt, sondern auch weil es dich liebt. Es ist Zeit, in deine wahre Größe zu gehen, aus der heraus du annehmen lernen kannst, was dein Pferd dir sagt. Es ist ihm gegenüber nur fair, wenn du lernst, es wirklich zu verstehen.

Die Dinge, die dein Pferd von dir, seinem Leben und seiner Welt versteht, gehen weit über das hinaus, was die Pferdewelt gemeinhin annimmt. Sie gehen weit über das hinaus oder widersprechen sogar dem, was man bei vermeintlichen Pferdekommunikationskursen lernt, die auf Körpersprache oder menschlichem Fachwissen basieren. Vielleicht hast du davon schon in meinem ersten Buch »Wahre Freundschaft mit Pferden« gelesen. Die Gedanken, die dein Pferd mir mitteilen würde, wenn du ein Pferdegespräch bei mir beauftragt hättest, würden dich höchstwahrscheinlich berühren, überraschen, zu Tränen rühren. Viele davon wären dir auch schon bekannt, weil du doch schon mehr zugehört hast, als dein Verstand dir zugestehen möchte.

Dass du dich heute entschieden hast, die Sache »Tierkommunikation« selbst in die Hand zu nehmen, um diese Botschaften bewusst und direkt von deinem Pferd zu hören, ist für dein Pferd eine großartige Neuigkeit. Es wird schon mitbekommen haben, dass du dich damit auseinandersetzt. Vielleicht weiß es sogar schon, dass du heute den Beginn machst und dich endlich traust.

Auch wenn du kein Pferd haben solltest, ist deine Entscheidung lebensverändernd für jedes einzelne Pferd, welches du sprechen wirst. Und du ahnst es schon: Auch für dich bedeutet diese Entscheidung, dass sich etwas in deinem Leben verändern wird. In deinen Händen liegt die Anleitung für dein neuen Lebens, indem du dein Pferd als fühlendes, wissendes, liebendes Wesen, als deinen besten Freund annehmen wirst. Einfach weil du ihm endlich Mitspracherecht einräumst. Weil du lernen möchtest, ihm wirklich zuzuhören. So wie man es unter Freunden eben macht.

Ich möchte mich im Namen deines und aller Pferde bedanken, die du sprechen wirst oder vielleicht schon gesprochen hast. Es ist eine große Sache, einer gesellschaftlich nicht richtig anerkannten Bewegung zu einer besseren Welt eine Chance zu geben. Danke auch für deinen Mut, über den Tellerrand hinaus zu sehen und selbst ausprobieren zu wollen, was wahr ist und was nicht.
Du bist bereit.

MIT DEINEM PFERD SPRECHEN LERNEN

Wenn du ein eigenes Pferd hast, dann ist dein Wunsch nach einem echten Gespräch mit ihm vermutlich groß und deshalb liest du dieses Buch. Vielleicht hast du schon andere Bücher über Tierkommunikation gelesen oder irgendwo gehört, was man über Tiergespräche mit eigenen Tieren sagt. Meistens liest und hört man, dass es mit den eigenen Tieren am schwierigsten sein soll. Am besten löschst du diese Idee direkt wieder, denn sie ist nicht wahr.
Mit dem eigenen Pferd spricht es sich am besten, weil ihr euch so nahe seid. Ihr habt euch bereits entschieden, zusammenzugehören und zu kommunizieren. Ihr wünscht euch gegenseitiges Verständnis und habt eine Seelenschnittmenge (siehe mein erstes Buch »Wahre Freundschaft mit Pferden«). Diese Vor-

Niemand versteht dein Pferd besser als du.

TIPP

Für dein Pferd fühlt es sich an, als würdest du ihm nicht zuhören wollen, wenn du meinst, du würdest dir seine Antworten nur ausdenken. Nimm' deshalb einfach an, was es sagt. Wenn du alle Informationen, die dir bekannt vorkommen, notiert hast, dann folgen vielleicht noch ein, zwei oder mehrere neue Botschaften an dich. Um diese zu erhalten ist es aber wichtig, dass du das Zuhören praktizierst und alles annimmst, was es sagt. Am besten, ohne dich und dein Pferd dabei in Frage zu stellen, nur weil du etwas schon wusstest. Wie du das machst, das lernst du hier Schritt für Schritt.

aussetzungen bedeuten, dass ihr sowieso sehr viele Gedanken, Gefühle und Erfahrungen bereits teilt, die in beiden von euch vorhanden und vermittelbar sind. Daher stammt auch die Annahme, es wäre mit dem eigenen Pferd am schwierigsten, denn man bekommt in den ersten Gesprächen vielleicht nur Informationen, die man zu kennen scheint.

Daraus schlussfolgert dann unser Ego, dass wir uns die Gesprächsinhalte alle nur ausdenken oder aber schlussfolgern würden. Tatsache ist aber, dass du diese Informationen kennst, weil ihr sie eben längst kommuniziert habt. Und der Grund, warum du dir die Antwort »schon so gedacht« hast, ist, dass dein Pferd dir diese Antwort bereits mehrmals unterbewusst mitgeteilt hat. So fühlt sie sich also gar nicht neu an, wenn du sie dann im bewussten Pferdegespräch zu hören bekommst. Ihr habt ja längst schon miteinander gesprochen.

Mit dem eigenen Pferd zu sprechen ist einfach etwas anderes, als mit einem fremden Pferd zu kommunizieren. Man ist mit dem eigenen Tier, genau wie mit dem »eigenen« Menschen, immer befangen. Ganz besonders dann, wenn es Probleme, Konflikte und Missverständnisse gibt.

Wir kennen das zum Beispiel aus Streitgesprächen mit unseren Partnern. Eigentlich möchten beide dasselbe, nämlich Verständnis, Anerkennung und so weiter. Eigentlich kennt man sich genau und weiß längst, wie der andere tickt. Jedoch ist man vielleicht so in seinem »eigenen Film« verhaftet und getriggert von den eigenen Themen, dass man nicht mehr klarsehen und verstehen kann, was gerade passiert und was der andere eigentlich sagt. Man ist emotional so involviert, dass man keine Sicht mehr von außen auf den Sachverhalt hinbekommt. Man ist völlig verstrickt und das ist verwirrend.

Es ist dann schwer, wirklich zu verstehen und anzunehmen, was der andere sagt. Man ist sich einfach zu nahe, buchstäblich und sinnbildlich gesprochen. Es »sprechen« zu viele Faktoren mit, als dass man einfach annehmen und verstehen könnte, was das Gegenüber sagt. Und das Gegenüber formuliert vielleicht auch nicht mehr ganz frei und frisch von der Leber weg, was es eigentlich sagen möchte. Dazu macht auch noch der Ton die Musik. Dieselbe Frage kann außerdem ihre Bedeutung verändern, je nachdem, wer sie fragt.

Zwischen Tieren und Menschen ist es nicht anders. Und so steht mir zum Beispiel meine Stute Mouna mit ihren Hufen immer auf den Zehen und es ist mir unmöglich, einen Blick von außen auf sie zu haben. Wir sind so verbunden, uns so nahe, dass ich immer nur in unserer riesigen Seelenschnittmenge oder zumindest nahe daran mit ihr kommunizieren kann. Aber das macht nichts, denn dafür sind wir zusammen. Wir meistern unsere Leben gemeinsam, mit der Hilfe der anderen, weil wir beide ähnliche Wege dabei gehen. Es ergibt Sinn, dass wir uns so nahe sind, denn wir lieben uns sehr.

So konnte mir Mouna genau erklären, wann ihr Eisprung war, um ihr Fohlen Makani zu empfangen. Sie konnte mir Bescheid geben, als er zur Welt kam, damit ich es miterlebe. Sie ist mir die beste, liebevollste Ratgeberin. Ich könnte ganze Liebesbriefe niederschreiben, die sie mir diktiert. Wir können wirklich sehr, sehr gut miteinander reden. Aber wenn sie krank ist, ich mich sorge und sie frage,

wo genau es denn wehtut, dann ist die Antwort von Mouna: »Ich definiere mich nicht über Krankheit oder Symptome. Ich spüre wenig körperliche Empfindungen, ich identifiziere mich nicht über meinen Körper.« Und das hilft meinen Sorgen dann überhaupt nicht. Da braucht es dann eine andere Tierkommunikatorin, die unbefangen, unbesorgt und völlig offen und neutral mit ihr sprechen kann. Wenn es denn sein muss, denn tatsäch-

Manchmal hilft ein Perspektivenwechsel, wenn man den Horizont für sich und sein Pferd erweitern möchte.

lich lerne ich über die vielen Jahre von Mounas Krankheitshistorie sehr langsam, aber endlich, dass ihre Sicht auf die Dinge anscheinend wirklich die Sinnvollere ist und ich aufhören kann, mich zu sorgen. Das ist schwer für mich, aber dafür sind wir zusammen. Anders als mit Mouna würde ich so etwas nie lernen, nie wirklich verstehen. Für solche Lektionen haben wir uns füreinander entschieden.

Um die nötige Routine und die nötigen Erfolgserlebnisse zu sammeln, die du für deinen Lernprozess zum Gespräch mit deinem Pferd benötigst, wirst du es wahrscheinlich nicht vermeiden können, auch mit anderen Pferden zu sprechen. Denn die meisten Anfänger in Tierkommunikation brauchen die Möglichkeit, immer wieder völlig unvoreingenommen in die Übungsgespräche zu gehen, um sicher zu sein, dass die auftauchenden Informationen nicht von ihnen selbst eingebracht worden sind. Das funktioniert am besten mit unterschiedlichen, völlig fremden Pferden, die man bestenfalls nicht einmal vorab gesehen hat. Es braucht einen anderen Menschen, der einem sagen kann, was man da empfangen hat und dass es wahrhaftig ist. Diese Rückmeldung über die eigene Fähigkeit ist für den menschlichen Lernprozess so wichtig, dass ich dir die Tierkommunikation nie einfach nur anhand deines eigenen Pferdes beibringen könnte.

Je mehr fremde Pferde du sprichst, je mehr Rückmeldungen von anderen Menschen du bekommst, je besser du verstehen lernst, was dir da von fremden Pferden gesagt wird, umso leichter wird die Kommunikation mit deinem eigenen Pferd. Deshalb werde ich in diesem Buch nicht nur über Gespräche mit deinem, sondern über das Lernen von Gesprächen mit allen Pferden schreiben.

Und wer weiß, vielleicht ist die Fähigkeit, nicht nur deinem eigenen, sondern Pferden generell zuhören zu können, später nützlich.

DIE EINZIGE REGEL

Wenn du mit Pferden sprichst, die dir nicht gehören, gibt es als Anfänger eigentlich nur diese eine Regel:

Sprich nur mit Pferden, deren Besitzer dem Pferdegespräch zugestimmt haben. Der Pferdebesitzer muss aber nicht bloß einverstanden sein, dass du mit dem Pferd sprichst, sondern auch hören wollen, was es dir gesagt hat. Als Anfänger bist du davon abhängig, dass dir der Pferdebesitzer eine Rückmeldung zu deinen Ergebnissen gibt und zumindest in Erwägung zieht, dass etwas Wahres an den erhaltenen Informationen dran sein könnte. Möchte er die Antworten aber nicht hören, so wird er dir auch nicht sagen wollen, was stimmig ist von dem, was du mit seinem Pferd kommuniziert hast. Er sollte mindestens neugierig sein und sich einverstanden zeigen, mit dir die Ergebnisse zu besprechen.

Es ist wichtig, dass du zu hören bekommst, wie der Mensch die Dinge zuordnen kann, die das Pferd dir kommuniziert hat. Anfangs ganz simpel dafür, um deinem Ego zu zeigen: »Siehst du? Ich kann das. Das hier habe ich mir nun wirklich nicht ausgedacht!« Je öfter dein Kopf gezeigt bekommt, dass dein Ergebnis kein Zufall ist, um so öfter wirst du diese Momente erleben dürfen.

Sekundär wirst du durch die Feedbacks auch mitbekommen, wie Missverständnisse entstehen und wieso viele Pferde und Pferdemenschen sich gegenseitig unverstanden fühlen. Es ist eine tiefe Erfahrung, vom Pferd eindrücklich gezeigt zu bekommen, wie es ihm den Atem nimmt und es sich kaum in den Kurven biegen kann, wenn ihm ständiges, beidseitiges Seitenstechen das Reiten miesmacht. Und der Mensch dann erklärt, dass das Seitenstechen die Sporen sind. Du wirst lernen, wieviel Unrecht wir den Pferden damit tun, sie nur als instinktiv agierende Wesen ohne sonderliche Intelligenz oder tiefgehende Wahrnehmungsfähigkeit abzustempeln.

ACHTUNG: GEFAHR DER GRENZÜBERSCHREITUNG

Die Regel, den Menschen im Boot zu haben, wenn du mit einem Pferd sprichst, hat natürlich auch für das Pferd und seinen Besitzer eine Relevanz. Denn

- Niemand möchte, dass jemand Fremdes einfach so sein Pferd oder Tier anspricht. Es ist grenzüberschreitend und nicht sehr respektvoll, sich ungefragt einzumischen. Du würdest auch kein Kind auf der Straße ansprechen und es fragen: »Na, wie ist es denn zu Hause so?«

- Du hilfst keinem Menschen, wenn du ihm ungefragt Informationen über sein Pferd übermittelst. Der Besitzer fühlt sich vermutlich (zu Recht) übergangen und wird dann noch weniger und schon gar nicht von dir als Grenzüberschreiterin hören wollen, was er anders machen sollte. Es hat etwas von Besserwisserei, sich so einzumischen. Auch wenn es nett gemeint ist und vielen Menschen geholfen wäre, wenn sie mehr von ihrem Pferd wüssten.

- Du hilfst letztendlich auch keinem Pferd, wenn es sich dir mitteilt und seine tiefsten Bedürfnisse, Ängste und Wünsche offenbart, diese dann aber niemand hören möchte. Du lässt es enttäuscht zurück, wenn du seine Botschaften nicht weitergeben kannst und sich gar nichts ändert, nachdem es sich dir mitgeteilt hat. Das kann ein Pferd traurig machen.

Mach's lieber so, dass du deine Dienste freundlich anbietest, wenn du glaubst, sie könnten hilfreich sein oder wenn du einem spezifischen Pferd helfen möchtest, weil es bedürftig erscheint. Lass' aber den Menschen entscheiden, ob er dein Angebot annimmt, damit er auch offen ist für das Gesagte. Dabei wird dir die Übungshaltung (siehe 4. Kapitel auf S. 72 f.) helfen.

SO EINFACH IST ES

Mit Pferden telepathisch zu sprechen, ist einfacher, als du denkst. Das sage ich nicht bloß so dahin, um dich zu motivieren, sondern es ist tatsächlich so. Wir Menschen erdenken uns oftmals alles etwas zu kompliziert. Wir meinen, dass Dinge, die unsere Gesellschaft nicht sonderlich präsent hält, irgendwie ganz anders, mysteriös und zumindest schwer zugänglich sein müssten. Dem ist aber nicht so. Telepathie ist etwas, das wir alle längst benutzen. Oftmals unbewusst, aber eben doch. Telepathie ist ein natürlicher Sinn. Etwas, das genau wie Spüren, Hören oder Sehen in unserem Körper verankert ist. Wie Werkzeuge für das Bewusstsein, damit unsere Seele ein möglichst eindrucksvolles Leben haben kann. Theoretisch bräuchte dieses Buch bloß eine Seite, nämlich:
Nimm dir ein Foto eines Pferdes, mit dem du sprechen darfst. Setze dich bequem hin, schließe deine Augen. Jetzt stelle dir das Pferd vor oder denke einfach seinen Namen. Bleib 5 Minuten so und schaue, was dir alles durch den Kopf geht. Schreib das alles auf.
Fertig.

Tierkommunikation kann jeder lernen, sie ist keine Gabe für Auserwählte. Auch du kannst ganz unkompliziert mit Pferden sprechen lernen.

Tatsächlich ist das alles, was du machen musst, um gut mit Pferden zu sprechen. Du brauchst keine langen Einführungen, keine besonderen Vorkehrungen oder Rituale. Du musst nicht mal besonders konzentriert oder besonders gedankenfrei sein. Auch brauchst du nicht innerlich ruhig oder gut im Meditieren sein. Du musst keine tiefgreifenden Erkenntnisse über das Leben oder dich selbst erfahren haben, um mit Tieren gut sprechen zu können. Auch ob du müde bist, krank, aufgewühlt oder gestresst, spielt keine Rolle. Wirklich nicht! Das kannst du nicht glauben?
Ich verrate dir etwas. Der diesbezüglich ungläubige Anteil in dir, das ist dein Kopf. Fast alles, was wir in unserer Gesellschaft eingetrichtert bekommen, ist kopfbasiert. Wie wir erfolgreich sind, wie wir gute Menschen werden, wie schlau jemand ist. Wie man lernt, arbeitet, Geld verdient – alles Kopfsache. Im Kopf sitzt das Ego. Dein Ego kann sehr laut sein, egal ob es nun zu Größenwahn neigt oder dazu, dich immer wieder niederzumachen. Die Kopfstimme ist für viele von uns sehr präsent. Wenn sie skeptisch ist, dann sucht sie sehr gerne viele gute Ausreden, warum du etwas nicht machen solltest, wieso etwas nicht sein kann oder auch, warum du etwas nicht können kannst. Dabei ist sie sehr überzeugend. Die Wahrheit ist, dass sie fast nie Recht damit hat. Die Kopfstimme meint es auch nicht böse, sie möchte dich nur davor schützen, dass du versagst oder dich in etwas verrennst, das nur deine Energie verschwendet.

AUSREDEN DEINES EGOS

Aus vielen Jahren des Unterrichtens kenne ich die Probleme der Übenden sehr gut. Wenn sie mir berichten wollen, dass sie nicht wirklich weitergekommen sind mit ihren Pferde- und Tiergesprächen, weil sie nicht üben konnten, wiederholen sich die Aussagen oft. Es sind immer dieselben Gründe, die sich das Ego sucht, um zu verhindern, dass man sich hinsetzt und es einfach macht:

- Ich bin gedanklich zu sehr mit anderen Dingen beschäftigt.
- Ich habe keine Zeit.
- Ich habe keine Ruhe, werde gestört durch andere.
- Meine Selbstzweifel sind so groß, dass ich mich nicht traue.
- Andere wollen immer etwas von mir, sodass ich nicht dazu komme.
- Ich habe eine Blockade.

Und so weiter. Die Wahrheit ist, dass man trotz dieser Umstände wirklich immer gut mit Pferden und anderen Tieren sprechen kann. Egal, wie sehr du emotional und geistig mit anderen Sachen beschäftigt bist. In dem Moment, wo du dich hinsetzt und dir ein Pferdegespräch vornimmst, steht dem nichts im Weg. So wie du auch mit anderen Menschen sprechen kannst, obwohl du vielleicht gerade Liebeskummer oder Arbeitsstress hast. Es ist nur eine Entscheidung.

Ebenso ist der Zeitfaktor eine Entscheidung. »Keine Zeit!« ist die Lieblingsausrede unserer Gesellschaft. Sie stimmt nicht, denn selbst wenn du die Verantwortung an andere abgeben möchtest (den Staat, deinen Chef, deinen Partner), über deine Zeit bestimmst du tatsächlich selbst. Es liegt an dir, dir Zeit zu nehmen. Sogar so etwas wie Selbstzweifel oder angebliche Blockaden sind nicht echt, sondern selbstgemacht. Die Egostimme in deinem Kopf ist überzeugend, wenn sie von Selbstzweifeln spricht. Sie zaubert auch schnell eine vermeintliche Wahrheit darüber, dass es nun mal einfach nicht geht, du deshalb blockiert sein müsstest. Wenn du dieser Stimme glaubst, hat sich deine Blockade manifestiert und sie wird immer wieder erfolgreich verhindern, dass du dich mit Pferden verbindest.

Du weißt jetzt, dass es Blockaden hier nicht wirklich gibt, sie ausgedacht sind. Ehrlich! Jeder kann das. Es ist deine

Entscheidung, ob du es einfach machst und übst. Oder ob du deinem Ego glaubst. Und wenn es einmal nicht funktioniert, dann versuche es wieder. Lass' dich nicht von dir selbst entmutigen!

Wenn du dieses Buch in der Hand hältst und gerade liest, dann hat sich ein viel größerer Anteil in dir längst entschieden, die Tierkommunikation mit Pferden zu lernen, mit deinem Pferd zu sprechen oder es zumindest ausprobieren zu wollen. Wenn du doch mal zweifelst, ob du das schaffst, dann darfst du deinem kleinen Ego also freundlich auf seinen riesigen Kopf tätscheln und ihm sagen: »Ist schon ok. Danke für deine Einwände. Ich mache es einfach trotzdem.«

Falls du diese Übung jetzt schon gemacht hast: Bravo! Du hast dich getraut. Falls du sie später machen möchtest und lieber erst einmal weiterliest, ist das auch okay. Unsere Köpfe wollen gern genaue Anleitungen, am besten Schritt für Schritt. Wir wollen alles richtig machen, genaue Maßstäbe für etwas, um es zu bewerten. Wir möchten uns an ein Konzept halten, eine Technik lernen. Ganz besonders wir Pferdemenschen sind groß darin, kopflastig zu sein.

So ist es nun mal, wir sind auch nur Menschen. Und als Mensch, der kopflastig lernen gelernt hat, braucht man manchmal ein gutes Buch. Also fangen wir einfach vorne an.

DEIN ERSTES PFERDEGESPRÄCH

NAME DES PFERDES

____

ALTER DES PFERDES

____

SEIT WANN IM BESITZ SEINES MENSCHEN

____

- Nimm dir eine ruhige, halbe Stunde Zeit, in der dich niemand stören kann.
- Suche dir einen bequemen Sitzplatz.
- Halte ein gutes, möglichst neutrales Foto deines oder eines anderen Pferdes bereit, mit dem du sprechen darfst, auf dem du sein Gesicht gut erkennen kannst.
- Schließe deine Augen, atme tief in den Bauch ein und lasse mit der Ausatmung deinen Körper locker und entspannt.
- Denke an die Erde unter dir und dass sie dich bei sich hält. Dadurch bist du geerdet.
- Denke an das Pferd, indem du es vor deinem inneren Auge visualisierst oder gedanklich seinen Namen nennst.
- Schreibe alles auf, was dir in den nächsten 5–10 Minuten durch den Kopf geht.

______________________________ ______________________________

______________________________ ______________________________

______________________________ ______________________________

______________________________ ______________________________

DEFINITION TELEPATHIE

Das Wort »Telepathie« setzt sich aus altgriechischen Komponenten zusammen, die »fern« oder »weit« und »Erfahrung« oder »Einwirkung« bedeuten. Das Wort wird im Englischen (»telepathy«) und Deutschen als Bezeichnung für Gedankenübertragung über Distanz benutzt.

In der Telepathie ist es völlig unwichtig, wie weit der Übertragende und der Empfänger voneinander entfernt sind. Sie funktioniert immer gleich gut, unabhängig davon, ob das Pferd, mit dem ich spreche, direkt neben mir steht oder ob es auf einem anderen Kontinent lebt.

In jeder Kommunikation, die wir führen, ob verbal, telefonisch, mittels Körpersprache oder per E-Mail, schwingt immer die Telepathie mit. Was wir in Gedanken haben, transportieren wir immer mit. Was du mit Hilfe dieses Buches lernen möchtest, ist also für dein System nicht brandneu und ungewohnt. Es ist nur etwas, das endlich ans Licht geholt werden möchte. Wie ein untrainierter Muskel, der nun gebraucht wird.

Jeder Mensch hat diesen Muskel. Die Fähigkeit, telepathisch zu kommunizieren, ist nicht einigen wenigen von uns vorbehalten. Sie ist keine Gabe. Sie ist ein natürlicher Sinn.

Es ist wie mit allen Muskeln: Falls er schwach ist, mag er anfangs zittrig sein und die Übung sich ungewohnt anfühlen. Aber je öfter du ihn nutzt, umso geschmeidiger und stärker wird er für dich arbeiten. Egal, ob du dabei ein Feedback vom Pferdebesitzer bekommst oder einfach nur deinem Pferd telepathisch erklärst, wie lange du im Urlaub sein wirst. Jeder bewusste, telepathische Austausch stärkt deinen Muskel.

Du lernst hier also, deine unbewusst bereits genutzte Fähigkeit zur Telepathie in dein Bewusstsein zu holen, sodass du sie gezielt einsetzen kannst.

DEFINITION ESOTERIK

Die erste Definition von Esoterik beschreibt die aus dem Altgriechisch kommende Bedeutung des Wortes, die mit »dem inneren Bereich zugehörig« übersetzt wird. Damit soll beschrieben werden, dass es sich hierbei um Wissen handelt, welches nur einem gewissen, inneren Personenkreis zugänglich ist. Also Wissen, welches nur für bestimmte Menschen gedacht ist und für andere nicht.

Die Tierkommunikation ist demnach überhaupt nicht esoterisch. Denn das Wissen, welches man braucht, um mit anderen Wesen telepathisch zu kommunizieren, steht jedermann zur Verfügung. Du hältst es gerade in deinen Händen. Jeder Mensch hat diesen natürlichen Sinn in sich und jeder kann die Telepathie nutzen.

TELEPATHIE

Tierkommunikation ist der telepathische Austausch mit Tieren, in unserem Fall mit Pferden.

Telepathie ist etwas, das nicht nur in Form von Tierkommunikation zwischen Pferd und Mensch funktioniert, sondern auch zwischen Mensch und Mensch. Wir Menschen sind auch bloß Tiere. Säugetiere, um genau zu sein. Wir haben Instinkte und artspezifisches Verhalten wie andere Tierarten auch. Obwohl wir meinen, über den Tieren zu stehen, weil wir uns selbst besondere Fähigkeiten zusprechen, verschwimmt diese Wahrnehmung drastisch, wenn man mit Tieren spricht und bemerkt, dass auch Tiere ein gutes Ich-Bewusstsein haben, sich erinnern können, Kompromisse eingehen, komplexe Gedanken fassen können und wie sie ihre Umwelt wahrnehmen. Man merkt, dass der Unterschied doch nicht so groß ist, sondern dass wir nur eine besonders kuriose Säugetiergattung mit einem verkrampften Tunnelblick auf den Rest der Wesen dieser Welt sind. Auch wir Menschen agieren kopflos und unreflektiert. Auch wir Menschen machen Dinge, ohne dass wir eine vernünftige Erklärung dafür haben, einfach aus instinktivem oder gattungsgeprägtem Handeln. Unser Denken

Telepathie ist ein natürlicher Sinn deines Körpers, den du einfach trainieren kannst – ganz bodenständig und ohne jegliche Esoterik.

Jedes Pferd ist ein Charakterpferd. Persönlichkeiten unserer Pferde sind so divers wie die von Menschen.

PERSÖNLICHKEIT ZUGESTEHEN

Pferde können denken, schlussfolgern, überlegen und alles verstehen, was du ihnen sagst. Sie haben alle Emotionen, die wir auch haben. Sie können depressiv werden oder euphorisch sein. Sie können sich auf etwas freuen, die Zukunft antizipieren oder Vergangenes behalten. Sie haben eine Meinung und können sogar dement sein oder besonders schlau oder veranlagt sein, Ehrgeiz zu zeigen.

Alle Persönlichkeitsaspekte, die wir von Menschen kennen, können dir auch im Pferdegespräch begegnen. Es gibt verkopfte Denker, die sich hochgestochen ausdrücken. Es gibt witzige Pferde, die ihren Humor zeigen, wenn du mit ihnen sprichst. Es gibt von Natur aus sensible oder schüchternere Pferde oder auch geborene »Rampensäue«, die sich extrovertierter verhalten und vielleicht besonders viel Wert darauf legen, bewundert zu werden.

Lass' dir nicht von der heute geltenden, wissenschaftlichen Meinung über Pferde den Weg ins Pferdegespräch versperren. Stell' bitte nicht in Frage, ob ein Pferd so etwas überhaupt denken, sagen oder wissen kann, wenn es mit dir spricht. Nimm' an, was Pferde alles sagen, damit sie auch weiterhin gern mit dir sprechen.

Die Wissenschaft ist immer nur eine Momentaufnahme dessen, wie Menschen das Leben verstanden haben, sie kann morgen schon überholt sein. Lass' vermeintliches, menschliches Wissen lieber gleich hinter dir und frag' die Pferde selbst. Sie werden dir bestätigen, dass sie mehr sind, als Wissenschaftler ihnen zugestehen.

und Handeln steht nicht über dem von Tieren. Sogar die Wissenschaft kommt mittlerweile langsam dahinter.
Mit Tieren telepathisch zu kommunizieren ist anfangs aber einfacher als mit Menschen. Für Tiere ist dieser Kanal der Kommunikation kein schwacher Muskel, der selten bewusst genutzt wird, sondern ein starker Sinn, der selbstverständlich genutzt wird. So sind sie gute Gesprächspartner für Menschen, die sich diesem Sinn wieder mehr widmen möchten. Pferde sprechen wirklich gerne mit Menschen, weil ihnen das endlich die Möglichkeit

TELEPATHISCHE PHÄNOMENE MIT MENSCHEN

Vielleicht kennst du das:

- Du denkst an einen lieben Menschen und möchtest mit ihm telefonieren. Du nimmst dein Telefon in die Hand und genau in diesem Moment kommt ein Anruf von ihm herein.
- Du machst dir Gedanken über ein Thema und möchtest mit einem nahestehenden Menschen darüber reden. Als du das Gespräch suchst, stellt ihr fest, dass derjenige dieselben Gedanken auch schon hatte.
- Du bist einkaufen und bringst instinktiv das mit, was sich dein Partner oder Kind gewünscht hat.
- Du weißt, was jemand sagen möchte, noch bevor er es gesagt hat.
- Du wachst mitten in der Nacht auf oder fühlst dich tagsüber auf einmal alarmiert und weißt, dass jemandem etwas passiert ist, den du liebst.

All diese Beispiele zeigen, dass die Telepathie zwischen uns Menschen manchmal ihre Wege ins Bewusstsein findet. Sie zeigen, dass Telepathie immer mitspielt, für uns aber oftmals unbewusst.

gibt, sich wahrhaftig mitzuteilen, nachdem sie immer und immer wieder ignoriert oder für Äußerungen bestraft worden sind. Unsere Pferde sind sehr froh, wenn wir das Brett vorm Kopf endlich entfernen, und helfen uns gern dabei, die Tierkommunikation zu üben. Pferde sind äußerst selten nachtragend und beschweren sich eher wenig. Man braucht also als Anfänger keine Angst zu haben, dass ein Pferdegespräch belastend für einen selbst wäre. Sie freuen sich, Eindrücke aus ihrem Leben mit uns endlich richtig teilen zu können.

Um mit einem fremden Pferd in telepathischen Kontakt zu treten, brauchst du eigentlich nur, dass dir der Besitzer ungefähr beschreibt, wie es aussieht. Allein die Intention, dass mit dem Pferd dieses Menschen, mit dem du da gerade sprichst, heute dein Pferdegespräch stattfinden soll, reicht schon aus für die zielgenaue Kontaktaufnahme. Da das aber für meine Kunden irgendwie noch unglaublicher erscheint, als dass ich mittels eines Fotos mit ihrem Pferd spreche, lasse ich mir grundsätzlich ein Foto des Pferdes geben. Außerdem kannst du dich als Anfänger leichter darauf einlassen, wenn du darauf schauen kannst und genau weißt: Das ist das Pferd, mit dem ich sprechen werde.

Das Betrachten des Fotos ist wie eine Telefonnummer, die du wählst, wenn du jemanden anrufen willst. Du setzt deine Gesprächsintention genau auf dieses eine Pferd und das reicht schon.

Dein Pferd freut sich, wenn du es endlich telepathisch ansprichst. Pferdegespräche helfen dabei, dass es dich in seiner Welt willkommen heißen kann.

WAS FÜR EIN FOTO NEHME ICH?

Das Foto muss keine besonderen Kriterien erfüllen. Entscheide selbst, mit welchen Pferdefotos du am besten arbeiten kannst. Ich schreibe meinen Pferdegesprächskunden gern auf, dass es ein nicht sonderlich aktuelles Foto sein muss und dass die Gesichtsansicht genügt.

Damit schließt sich aus, dass die Pferdebesitzer meinen, ich würde am Exterieur des Pferdes oder am aktuellen Gesichtsausdruck irgendwelche akuten Krankheitssymptome ablesen können.

Ich finde es schön, meinem Pferdegesprächspartner ins Gesicht sehen zu können. Ob du dabei ein Auge genau sehen können musst oder ob du ein Bild ohne Equipment möchtest oder wie auch immer, das ist dir überlassen. Theoretisch geht auch ein Foto, auf dem man nur das Hinterteil des Pferdes sieht. Aber versuch' mal, das dem Besitzer zu erklären.

An einem ungestörten, dir vertrauten Ort spricht es sich am besten.

Zusätzlich zu dem Foto des Pferdes lasse ich mir vorab sagen, wie das Pferd heißt, wie alt es ist und wie lange es schon bei seinem Menschen lebt. Theoretisch kann ich auch ohne diese Informationen gut mit dem Pferd sprechen. Aber ich weiß gern seinen Namen, um es besser ansprechen zu können. Sein Alter ist interessant für mich, da es einen Unterschied macht, ob mir ein zweijähriges Pferd erzählt, dass ihm seine Knochen wehtun, oder ob ein 24-jähriges Pferd diese Symptome zeigt. Es hat eine unterschiedliche Relevanz. Die Dauer der Zugehörigkeit macht es mir einfach, zuzuordnen, ob Berichte aus der Vergangenheit des Pferdes zu diesem Menschen oder zu einem vorherigen Besitzer gehören. Das ist für die Gesprächsführung dann wichtig. Meinen Schülern bringe ich von Anfang an bei, mit diesen Informationen zu arbeiten.

Du solltest dir also für dein erstes Pferdegespräch das Foto eines Pferdes zurechtlegen, mit welchem du sprechen darfst. Ob es dein eigenes ist oder du lieber unbefangener mit einem fremden Pferd beginnen möchtest, das entscheidest du. Du notierst dir diese drei Informationen (Name, Alter, seit wann es zu seinem Menschen gehört), bevor es losgeht. Dein Notizblock und ein Stift liegen vor dir. Im besten Fall bist du allein, hast etwas Ruhe und sitzt an einem bequemen, angenehmen Ort.

KAPITEL 2

DAS EINFACHE PFERDEGESPRÄCH

Setzen wir die Theorie in Praxis um.
Ab hier lernst du Schritt für Schritt,
wie du deine Pferdegespräche
beginnen, führen und üben kannst.
Trau' dich! Die Pferde warten auf dich.

Das einfache Pferdegespräch

Sprich mit den Pferden auf freundschaftlicher Basis, wenn du übst. Genieße die Freiheit, mit ihnen über alles reden zu können, ohne Erwartungen erfüllen zu müssen.

FÜR DICH

Wenn du als Anfänger mit Pferden sprechen möchtest, brauchst du nichts weiter als dieses Buch. Du kannst auf relativ einfachem Weg ins Pferdegespräch gehen und erste Erfahrungen damit machen, wie es ist, dich mit Pferden auszutauschen.
Dieses Kapitel heißt »Das einfache Pferdegespräch«, weil es einfach ist und die bloße Kontaktaufnahme mit Pferden für den einfachen Austausch von Informationen beschreibt. Jedermann kann, darf und sollte diese Art der telepathischen Kommunikation mit seinem Pferd oder einem anderem Tier betreiben, wenn ihm danach ist.
In diesem Buch findest du darüber hinaus Tipps und alles, was ich darüber weiß, wie es ist, die Tierkommunikation mit Pferden zu beginnen. Was du hier nicht lesen wirst, ist eine Anleitung zu einem professionellen, komplexeren, problemorientierten Pferdegespräch mit Hilfsanspruch. Sicherlich werden auch Anfängergespräche viel helfen, jedoch ist das Erlernen der professionellen Arbeit eines Tierkommunikators etwas, das ich in keinem Buch beschreiben kann. So wie niemand nur durch Lesen eines Buches Autofahren lernt, so braucht es auch in der Tierkommunikation einen erfahrenen Lehrer an der Seite, wenn man seine Erfahrungen sammelt, die zur Professionalität führen sollen. Auf den genauen Unterschied zwischen dem einfachen und dem professionellen Pferdegespräch gehe ich später noch ein.

ERDUNG

Für dich als Anfänger ist es sinnvoll, dich bewusst gedanklich etwas zu erden, bevor du ins Pferdegespräch gehst. Es gibt viele Möglichkeiten dafür. In meinen Kursen spreche ich meinen Schülern anfangs noch kleine Erdungsgeschichten vor, also kurze Meditationen, die sie gedanklich etwas ablenken, beruhigen und erden. Schon am zweiten Ausbildungstag höre ich damit aber auf, weil diese Einführungen tatsächlich nicht notwendig sind und damit sie gleich zu Anfang lernen, dass sie mich nicht brauchen, um mit den Pferden ins Gespräch zu kommen. Um sich zu erden, reicht es, sich gedanklich kurz bewusst zu machen, wo ich gerade sitze und dass unter mir die Erde ist. Die meisten Anfänger können es gut gebrauchen, wenn wir die ersten Erlebnisse mit einer bewussten, etwas längeren Erdung beginnen.
Wenn du dich als Anfänger noch in eine etwas längere Einführung auf dein Pferdegespräch einlassen möchtest, dann

gibt es hier ein paar Geschichten für dich. Es ist hilfreich, dass du diese Erdungsgeschichten und auch das anschließende Pferdegespräch im Sitzen durchgehst, weil die Erfahrung zeigt, dass man in der Liegeposition schnell mal einschläft oder abdriftet. Außerdem sind wir gewohnt, die Erde durch unsere Füße zu spüren, sodass die Erdung sitzend mit den Füßen am Boden einfacher durchzuführen ist.

1. Baumwurzeln

Setze dich auf einen bequemen Sitz. Schließe deine Augen und atme einmal tief durch. Mache dir kurz klar, dass du hier auf diesem Platz sitzt. Nimm deinen Körper wahr und beginne mit deinem Kopf. Spüre, wie er auf deinem Hals sitzt, getragen von deiner Wirbelsäule, beweglich und balanciert. Dein Hals, dein Nacken ist entspannt. Lasse deine Schultern hängen, damit deine Nackenmuskulatur ganz locker sein kann. Gib das Gewicht deiner Arme an deinen Schoß ab, entspanne deine Arme und deine Hände und deine Finger. Dann spür' mal deinen Brustkorb, wie er sich mit deiner Atmung hebt und senkt. Gib dir genügend Raum zum Atmen. Lass' auch deinen Bauch locker, auch er darf mitatmen. Spür' die Bewegung des Atmens auch in deinem Bauch. Gib deinem Bauch Platz. Entspanne deine Bauchmuskulatur und lass' locker. Dein Rumpf ist entspannt, muss nichts halten, nur dasitzen. Spüre deine Rückenmuskulatur an deiner Lehne. Auch dein Rücken nutzt nur die zum Sitzen notwendigen Muskeln. Dein Unterleib, dein Gesäß und deine Oberschenkel dürfen mit entspannen. Spüre, wie du auf deinem Platz sitzt, und gib dein Gewicht ganz daran ab. Spüre deine Beine, deine Ober- und Unterschenkel, deine Füße. Nimm wahr, wie deine Füße auf dem Boden stehen. Versuch' mal, nur deine Fußsohlen wahrzunehmen, die den Boden berühren. Der Boden, den du vielleicht durch deine Socken oder Hausschuhe spüren kannst, ist verbunden mit der Wand des Raumes, in dem du sitzt. Die Wand des Hauses geht über ins Fundament, welches in die Erde gebaut wurde. So bist du im Kontakt mit der Erde, wenn deine Füße auf dem Boden stehen. Wenn du magst, kannst du dir auch noch vorstellen, wie aus deinen Fußsohlen feine Wurzeln wachsen. Wie Baumwurzeln, die ihren Weg durch den Boden und die Wände bis in die Erde finden. Die wachsen tief in das Erdreich hinein, verästeln sich dort, spüren die Erde. Vielleicht spürst du durch deine Wurzeln ihre Dichte, ihre Feuchtigkeit, ihre Temperatur, ihren Reichtum. Es reicht aber, dass du weißt, dass unter dir die Erde ist. Denn sie sorgt schon selbst dafür, dass du immer gut geerdet bist. Allein durch ihre Erdanziehungskraft erdet sie dich. Sie sorgt dafür, dass du immer bei ihr bleibst. Selbst wenn du zwischenzeitlich mal abhebst und in die Luft gehst, wirst du früher oder später wieder zur Erde zurückkehren. Und so bist du immer geerdet.

Nun erinnere dich an das Pferd, mit dem du sprechen möchtest. Hole dir sein Bild vor dein inneres Auge, so gut du kannst. Oder denke einfach seinen Namen und dann beginne dein Pferdegespräch.

Wenn dir die Geräusche nichts ausmachen, kannst du deine Pferdegespräche auch draußen üben.

2. Lichtatmung

Setze dich auf einen bequemen Sitz. Schließe deine Augen und atme einmal tief durch. Mache dir kurz klar, dass du hier auf diesem Platz sitzt. Beim nächsten Atemzug stell' dir vor, du könntest Licht einatmen. So wie du Luft einatmest und den Sauerstoff über deine Lungen in deinem Körper verteilst, kannst du nun auch etwas Licht mit atmen, welches sich genauso in deinem Körper verteilt. Jedes Mal, wenn du einatmest, kommt noch etwas mehr Licht hinzu. Stell' es dir einfach so vor, als wäre es flüssiges Licht, welches mit jedem Atemzug immer tiefer in deinen Körper sackt. Du atmest ein und es erfüllt deine Lungen, dann deinen Bauch. Du atmest wieder ein, etwas mehr Licht kommt hinzu. Es sackt tiefer in deinen Unterbauch und dein Gesäß. Du atmest wieder ein, Licht sickert bis in deine Beine, erfüllt deine Oberschenkel. Du atmest noch mehr Licht, es geht bis in deine Waden und dann in deine Füße. Atme ein, noch mehr Licht. Es geht bis in deine Zehen. Du atmest ein, auch in deine Arme fließt es, bis in die Hände, Finger, Fingerspitzen. Du atmest weiter Licht ein, es erfüllt auch deinen Kopf. Mit jedem Atemzug fließt noch mehr Licht in deinen Körper und es erhellt jedes einzelne Organ deines Körpers. Jede Zelle wird davon berührt, alles bekommt Licht ab. Auch deine Haut und deine Haare werden vom Licht erfüllt. Das Licht bringt dir Leichtigkeit mit, Neutralität und eine gewisse Klarheit. Es erhellt alles in dir und schenkt Kraft. Versuch's zu spüren, wie dich das Strahlen dieses Lichts durchdringt. Lass' es zu und wisse, dass du mit dieser Verbindung mit dem Licht zugelassen hast, dass du gut angebunden bist nach oben. Nimm' einen letzten, tiefen Lichtatemzug und spüre die Leichtigkeit und Helligkeit in dir.

Nun erinnere dich an das Pferd, mit dem du sprechen möchtest. Hole dir sein Bild vor dein inneres Auge, so gut du kannst. Oder denke einfach seinen Namen und dann beginne dein Pferdegespräch.

3. Wasserfall

Setze dich auf einen bequemen Sitz. Schließe deine Augen und atme einmal tief durch. Nun stell' dir vor, du wärst in einem Wald. Es ist ein schöner Sommertag, die Sonne scheint durch die Kronen der hohen Laubbäume. Du bist allein, riechst den Duft des Waldes und hörst die Vögel singen. Während du durch das Unterholz gehst, spürst du den weichen Waldboden und hörst das Knacken kleiner Äste unter deinen Füßen. Du hörst ein Plätschern, und dem Geräusch folgend, kommst du an einen Bach. Er hat klares Wasser, du kannst den Grund sehen. Auch die Kieselsteine darin, vielleicht kleine Fische, die Uferböschung. Der Bach schlängelt sich durch den Wald und du entscheidest, ihm in seiner Fließrichtung einfach zu folgen. So gehst du neben dem Bach durch den Wald und genießt deinen Weg. Er schlängelt sich um Bäume, immer weiter. Je weiter du gehst, umso mehr Wasser bringt dein Bach mit sich. Du gehst weiter zusammen mit dem Bach und er wird breiter. Irgendwann ist er schon ein kleiner Fluss. Du gehst noch weiter am Flüsschen entlang durch den Wald. Dein Fluss hat nun ein breites Flussbett und das Wasser fließt schnell. Du hörst ein Rauschen und weißt, dass dies ein Wasserfall ist. Du möchtest ihn sehen, also machst du dich an den Abstieg. Vielleicht machst du einen Umweg durch den Wald nach unten oder du kletterst hinab. Dann stehst du vor dem Wasserbecken deines Flusses und schaust auf den Wasserfall. Er ist vielleicht drei oder vier Meter hoch. Du möchtest ins Wasser und so steigst du einfach so wie du bist in den Fluss. Das Wasser ist nur knietief und du watest hindurch, bis du unter dem Wasserfall stehen kannst. Es ist wie ein kleiner, schöner Schock, als das kühle Wasser auf deinen Kopf prallt. Eine wunderbare Erfrischung während gleichzeitig die Sonne in dein Gesicht scheint. Du hörst in deinem Kopf das Geräusch, welches das aufprallende Wasser verursacht, du spürst die Schwere des Wassers auf deinen Schultern und nimmst wahr, wie das klare, kühle Wasser deines Flusses an deinem ganzen Körper hinabfließt. Das Wasser spült alles von dir ab, was an dir haftet, aber nicht zu dir gehört. Zweifel, Sorgen, Ablenkung oder auch Themen anderer, alles darf jetzt gehen. Es ist, als würde der Fluss dich reinwaschen. Sein unendlicher Strom an deinem Körper entlang nimmt alles mit, reinigt dich und klärt dich, bis nur noch du in deiner reinsten Form dabei übrigbleibst. Du bist ein Teil des Wassers, es nimmt Teile von dir mit. Du bist ein Teil des Lichts, welches du aufnimmst. Du bist ein Teil der Erde, in die das Wasser fließt. Du atmest die Luft dieses Waldes und bist ein Teil von ihm. Du bist mit allem verbunden und doch ganz du selbst. Zufrieden, in Ruhe, bei dir selbst.

Nun erinnere dich an das Pferd, mit dem du sprechen möchtest. Hole dir sein Bild vor dein inneres Auge, so gut du kannst. Oder denke einfach seinen Namen und dann beginne dein Pferdegespräch.

Du kannst dir diese Geschichten entweder selbst einmal vorsprechen und dich

Die Vorstellung davon, wie Wasser dich energetisch reinigt, ist immer eine gute Methode zur Erdung.

dabei aufnehmen, sodass du dir eine davon abspielen kannst, wenn du ein Pferdegespräch führen möchtest. Oder aber du liest sie dir ein paarmal durch und erinnerst dich daran, sodass du die Geschichte selbstständig im Geiste durchgehen kannst, um dich zu erden. Die Erdungsphase kann eine Minute dauern oder fünf Minuten oder nur ein paar Sekunden. Nach einiger Übung reicht es, wenn du dir deinen Körper bewusst machst und dann einmal in die Erde denkst, also dir die Erde darunter auch ins Bewusstsein holst. Das kann man im Bruchteil einer Sekunde machen. Erde dich in deinem Tempo, so wie es sich gut anfühlt.

GESPRÄCHSAUFNAHME

Nach der Erdungsphase folgt die Gesprächsaufnahme. Du sitzt also mit geschlossenen Augen, denkst an das Pferd, mit dem du sprechen möchtest, und dann schaust du einfach mal, was da

»ICH HABE DIE VERBINDUNG VERLOREN«

In der Einleitung unter »So einfach ist es« hast du bereits einige überzeugende Ausreden deines Egos gelesen, die verhindern, dass du deine Pferdegespräche übst. Die Ausrede »Ich habe die Verbindung verloren« ist eine, die sogar während des Pferdegesprächs bei manchen auftaucht. Sie stellen sich dann vor, dass die Verbindung zu dem Pferd, welches sie sprechen, eine sehr fragile sein muss, die jederzeit zerbrechen kann.

Aber das ist nicht wahr. Das Pferd ist gedanklich da, wartet geduldig, ist jederzeit wieder ansprechbar, während du dich gedanklich sortierst, zweifelst, Dinge aufschreibst und so weiter. Die Verbindung für ein telepathisches Gespräch aufzubauen, ist nicht anstrengend, genauso wenig Anstrengung brauchst du, um sie zu halten. Du kannst jederzeit gedanklich zu deinem Pferdegesprächspartner zurückkehren und weiterreden.

Glaub' mir: Die Verbindung bricht nicht ab. Du bist es, der die Verbindung abbricht, weil ein Anteil in dir die Sache lieber kurz und schmerzlos halten möchte. Vielleicht, um dich vor Fehlschlägen oder zu intensiven Erfahrungen zu bewahren. Denk' daran: »Ich mache es einfach trotzdem.«

so kommt. Tatsächlich brauchst du keine weiteren Anstrengungen, um wirklich in Kontakt zu treten. Es ist nicht nötig, dass du dich besonders gut konzentrierst. Du musst auch nicht verkrampft in der Endlosigkeit deiner Gedanken nach dem Pferd suchen oder aber besonders gedankenleer sein. Du brauchst keinen Trick oder bestimmten Zustand hierfür. Selbst wenn du aufgeregt bist, dein Herz laut klopft, du voller Selbstzweifel bist, funktioniert es. Es reicht wirklich, das Pferd gesehen zu haben, an es zu denken und dann zuzulassen, was zu dir kommt.

Alles, was dir durch den Kopf geht, ist ein Teil deines Pferdgesprächs. Telepathie ist der gedankliche Austausch über egal welche Distanz. Du kannst also telepathisch alles mit einem Pferd austauschen, welches du dir auch vorstellen kannst. Alle Sinne, die du gedanklich nutzt, wenn du dir eigene Gedanken machst, dir also etwas vorstellst, können Teil deines Pferdegesprächs sein.

Ich vergleiche das Gefühl eines Pferdegesprächs gern damit, wie es ist, wenn man ein gutes Buch liest. Reißt es mich mit, dann höre ich die Stimme des Protagonisten auch in meinem Kopf. Ich sehe die Bilder vor meinem inneren Auge, die das Buch beschreibt. Ich fiebere emotional in den Höhen und Tiefen des Protagonisten mit, ich bin mit allen Sinnen gedanklich dabei. Ein anderer Vergleich ist der mit einem Tagtraum. Wenn man sich eine Situation vorstellt oder erträumt und diese ausschmückt mit Details, sodass der Moment zu einem Tagtraum wird, so ein ähnliches Empfinden hat man in einem telepathischen Gespräch. Es fühlt sich für viele Anfänger an wie ausgedacht. Doch dazu später mehr. Zurück zu deinen gedanklichen Sinnen, die Teil deines Pferdegespräches sein können:

Bilder,
Filmszenen,
Emotionen,
Körpereindrücke,
Geräusche,
Geschmäcker,
Sprache,
Wissen

Wenn ein Pferd mit dir spricht und dir dabei Bilder übermittelt, dann ist es ein normales Phänomen, dass das Bild nur für einen Sekundenbruchteil vor deinem inneren Auge auftaucht und dann wieder weg ist. Manchmal kommen bildhafte Eindrücke blitzartig, andere sind länger sichtbar. Auch wenn sie nur so kurz zu sehen sind, können sie wichtige Informationen sein. Es gibt Menschen, die sehr klar Bilder von Pferden empfangen. Die können dann sogar sagen, welche Farbe die Fensterrahmen in der Reithalle haben. Ich gehöre nicht dazu. Die Bilder, die ich empfange, sind oft nicht ganz vollständig oder nur die wichtigen Details sind für mich klar. Manchmal kann ich auch nicht genau sagen, ob der gezeigte Pferdekumpel dunkelbraun oder schwarz ist.

Sogenannte »Filmszenen« sind bewegte Bilder, in denen dir das Pferd vielleicht eine bestimmte Situation zeigt oder dich

Manchmal sind übermittelte Filmsequenzen aufregende Dinge, die das Pferd vor Kurzem erlebt hat.

mitnimmt in ein Erlebnis. Dann spielt sich vor deinem inneren Auge ein kleiner Film ab. Diese können kurz sein oder etwas länger. Du kannst dabei das Pferd aus der Zuschauerperspektive sehen oder aber du siehst etwas aus den Augen des Pferdes. Es ist möglich, dass das Pferd dich spüren lässt, wie es ihm emotional geht. Dann ist es so, dass du zum Beispiel eine gewisse Traurigkeit verspürst oder eine große Freude oder andere Emotionen, so als wären sie deine. Manchmal ändert sich dieser emotionale Eindruck, wenn du im Pferdegespräch das Thema wechselst und mit dem Pferd über andere Dinge redest. Du kannst verschiedene Emotionen in einem Pferdegespräch übermittelt bekommen.

Manchmal kann man am eigenen Körper spüren, was die körperlichen Beschwerden oder Besonderheiten des Pferdes sind. Dann verspürst du beispielsweise einen leichten Schmerz dort, wo das Pferd Schmerzen hat. Meistens ist dieser Eindruck an deinem eigenen Körper eine abgeschwächte Version. Also falls du mit einem sehr kranken Pferd sprichst, haut dich das nicht gleich vom Hocker, wenn du Kontakt aufnimmst. Sondern es ist wie ein schwächeres Abbild dessen, was das Pferd verspürt, in deinem eigenen Körper empfunden. Natürlich kann man auch andere Körpereindrücke als nur Schmerzen nachempfinden und manchmal vermischen sich auch emotionale Eindrücke mit körperlichen. So kann man vielleicht bei einem traurigen Pferd eine gewisse Enge in der Brust verspüren oder bei einem ängstlichen Pferd eine Anspannung des Bauches oder des gesamten Körpers.

Auch Geräusche können Teil deines Pferdegesprächs sein. Dann klingt in deinem Geiste das nach, was dein Pferdegesprächspartner hört und dir vermitteln möchte. Zum Beispiel das Rauschen der Autos einer nahen Bundesstraße oder das Rufen einer Eule bei Nacht, die nahe dem Stall wohnt. Manchmal höre ich das Lachen des Pferdebesitzers, weil das Pferd mir zeigen möchte, wie schön das klingt. Viele Pferde mögen es, wenn ihre Menschen lachen, weil sie verstehen, dass dies ein menschlicher Ausdruck der Freude ist.

ACHTUNG! JEDER PFERDEKÖRPER IST INDIVIDUELL

Wir Menschen kategorisieren gern und merken uns gern schubladenhaft, was wie stimmig ist. Im Falle von Körperempfindungen und Zusammenhängen mit emotionalen Themen sind Kategorien aber völlig unangebracht. Abzuleiten, dass jeder Brustschmerz eine Trauer ist, wäre nicht richtig.

Pass' also auf, dass du nicht in die Bedrängnis gerätst, schon wissen zu wollen, was der Eindruck eines Pferdekörpers bedeutet. Sondern wenn du die Information, woher dieser Schmerz oder das Gefühl im Pferdekörper stammt oder was es bedeutet nicht direkt erhältst, dann frage lieber beim Pferd nach. Akzeptiere auch, falls es die Antwort selbst nicht weiß, und fülle die ausbleibende Antwort nicht mit Schlussfolgerungen aus.

Du bist vermutlich kein Tierarzt. Selbst wenn du dich in irgendeiner Weise als Behandler von Tieren auszeichnest, achte im Pferdegespräch genau darauf, das Pferd sprechen zu lassen und nicht aus Versehen zu diagnostizieren oder zu analysieren. Es geht wirklich nur darum, was das Pferd selbst zu sagen hat.

DER MÖWENADLER

In einem meiner letzten Webinare war mein Wallach Milan das erste Pferd, mit dem die Teilnehmer sprachen. Eine Teilnehmerin berichtete, er hätte ihr immer wieder ein Geräusch geschickt. »Es klang wie eine Möwe, aber ich weiß, dass es bei euch keine Möwen gibt! Trotzdem war es sehr eindrücklich und es muss ein Vogel gewesen sein. Vermutlich liege ich falsch«, sagte sie mir.

Aber sie lag genau richtig. Zu dieser Zeit waren ganz bestimmte Greifvögel hier bei uns am Strand in Costa Rica gerade sehr präsent und kommunizierten lauthals. Einige von ihnen sitzen regelmäßig in den Bäumen des Pferdepaddocks, fliegen hin und her und stoßen ihre Rufe aus, die dem Kreischen von großen Möwen zum Verwechseln ähnlich sind. Milan und auch sein Stiefsohn Makani mögen diese Vögel und nehmen sie sehr deutlich wahr. Auch ich sehe sie regelmäßig, manchmal bleiben sie sogar sitzen, wenn ich ganz nahe an ihnen vorbeigehe. Schon am nächsten Tag konnte ich ein Video davon machen, wie einer dieser »Möwenadler« bei den Pferden im Baum saß und schrie. Ich lud das Video in meine Instagram-Story hoch und die Teilnehmerin schrieb mir prompt: »Ja, genau das habe ich gehört! Das ist ja toll!«.

Es ist möglich, dass du auch einen geschmacklichen Eindruck vom Pferd übermittelt bekommst. Vielleicht zeigt es dir, wie lecker sein Mash ist, oder aber, was es gern fressen würde. Neulich bekam ich einen starken Geschmack von einem Pferd gesendet, zusammen mit der Farbe schwarz. Erst dachte ich, das sei vielleicht Lakritz, und fragte beim Pferd nach. Es verneinte und sandte mir den Geschmack erneut. Da erkannte ich, dass es der würzige und markante Geschmack von Schwarzkümmel ist.

Auch menschliche Sprache kann ein Teil deines Pferdegesprächs sein. Natürlich können Pferde kein Deutsch oder Englisch oder andere menschliche Sprachen. Trotzdem kann es sein, dass du die Pferde buchstäblich sprechen hörst in deinem Kopf. Manchmal sogar in einer menschlichen Stimme, die charakterlich zu diesem Pferd passen könnte. So habe ich einmal mit einem alten, weisen Wallach gesprochen und die Stimme, die ich dabei wahrnehmen konnte, kannte ich als Synchronstimme aus dem Fernsehen. Der Grund dafür ist, dass wir Menschen gelernt haben, in Sprache zu denken. Wenn ich überlege, was ich nachher alles einkaufen möchte, kommen mir die tatsächlichen Worte dafür in den Sinn, während ich durch meinen Kühlschrank schaue: »Salat ..., Gurke ..., brauche ich noch Avocado? Nein, da ist eine. Tomaten habe ich auch noch.« Die Sätze gehen mir dabei auf Deutsch durch den Kopf. Es gibt wohl wenige Menschen, die ohne Sprache denken. Da dein Gehirn also darauf trainiert ist, übersetzt es automatisch auch die Botschaften der Pferde in Sprache.

Wenn dir also ein Pferd einen Gedanken schicken möchte, besonders wenn er komplexer ist, dann kann es eben gut sein, dass dein Kopf diesen als Satz ausformuliert, ohne dass du das bewusst machst. Und dann sagt ein Pferd zum Beispiel: »Der Hufpfleger schneidet mir immer zu viel Hufhorn ab. Deshalb stehe ich dabei kaum still. Der Mann redet zwar viel und erklärt so, dass alle Menschen denken, er habe Ahnung. Aber an mir macht er kein gutes Werk. Ich möchte nicht mehr, dass er meine Hufe schneidet.«

Manchmal kommt eine Information auch auf Wegen zu dir, die du nicht benennen kannst. Das ist dann so, als wüsstest du auf einmal etwas über dieses Pferd, ohne dass du diese Information bewusst gesehen oder auf andere Weise wahrgenommen hättest. Es ist dann, als wärst du ein Computer, der einen Datenträger angeschlossen bekommt, auf dem das Wissen abgespeichert ist. Die Informationen darauf sind dann einfach so in deinen Wissensspeicher übertragen worden.

DER APFELBAUM

Wenn du anfängst, mit Pferden zu sprechen, dann ist es wahrscheinlich, dass nicht gleich in jedem Pferdegespräch alle dieser Sinne auch auftauchen. Es kann sein, dass du beispielsweise erst einmal vermehrt Bilder siehst oder nur etwas spürst. Sei geduldig mit dir und übe dann einfach weiter.

Meinen Schülern erkläre ich es gern so: Stell‘ dir vor, du stehst vor einem Apfelbaum. Er hat 100 schöne Äpfel, die du pflücken kannst. Du hast aber heute keinen Eimer dabei, also pflückst du nur die fünf Äpfel, die direkt vor dir hängen. In deinem ersten Pferdegespräch ist es genauso. Du pflückst erstmal nur diejenigen Informationen ab, die direkt vor deiner Nase sind. Denn das sind die, die du am besten verstehst. Je nach Veranlagung sind das für jeden unterschiedliche Äpfel. Denn nicht jeder steht an derselben Stelle, wenn er beginnt, mit Tieren zu sprechen. Menschen, die vielleicht gut darin sind, visuelle Eindrücke wahrzunehmen, die bekommen wahrscheinlich erst einmal Bilder in ihren ersten Pferdegesprächen. Menschen, die sich gut Stimmen merken können oder sehr audiosensibel sind, hören vielleicht zunächst Geräusche oder Stimmen. Menschen, die beispielsweise empathisch mit anderen Menschen arbeiten, nehmen eventuell als Erstes die Emotionen des Pferdes auf. Einfach, weil sie diese Informationen am schnellsten und einfachsten verstehen. Sie stehen am Apfelbaum an der Stelle, wo diese »Informationsäpfel« direkt vor ihnen zu pflücken sind.

Je öfter du es übst, mit Pferden zu sprechen, umso mehr Äpfel kommen dazu. Nächstes Mal hast du vielleicht einen kleinen Korb mitgebracht und kannst neben den ersten fünf einfachen Eindrücken auch mal einen Emotionsapfel mit pflücken, der dahinter hing. Je mehr Äpfel du pflückst, um so ganzheitlicher wird dein Gespräch.

Es ist wirklich eine reine Übungssache, wenn es darum geht, dass du auch die Informationen pflücken möchtest, die ganz hinten auf der anderen Seite deines Apfelbaumes hängen. Sei geduldig mit dir, irgendwann beginnen die anderen Sinne von selbst, Teil deines Pferdegesprächs zu werden. Du musst nur weiter üben.

Wenn du es also beispielsweise schaffst, zu einem übermittelten Bild eine Emotion zu bekommen, dann ergibt dies gleich viel mehr Sinn. Und falls dann noch eine sprachliche Aussage dazu kommt, wird deutlich, was das Pferd sagen möchte. Du siehst vielleicht eine schöne grüne Weide mit viel Gras, spürst Traurigkeit und Wehmut, dann hörst du, wie das Pferd sagt: »Ich würde so gerne wieder auf die Weide, muss aber warten.« Und der Besitzer sagt dir, dass die Pferde im Stall noch nicht auf die Wiese dürfen, aber täglich über den Zaun das hochgewachsene Gras sehen, und dass die Weide bald wieder geöffnet wird, wenn der Stallbesitzer sie dann endlich freigibt.

DER KÖRPERSCAN

Das Wort »Körperscan« wird von meinen Kolleginnen teilweise sehr gern genutzt und explizit unterrichtet. Dabei geht es darum, den gesamten Körper eines Tieres gedanklich einmal zu durchleuchten, um eventuelle Probleme festzustellen. Die Idee klingt logisch und hilfreich, in der Praxis sieht es etwas anders aus.

Jedes Pferd hat ein anderes Körperempfinden und jedes Pferd hat einen individuellen Weg, mit mir über sein körperliches Befinden zu sprechen. Manche wählen dafür Worte und beschreiben mir, was sein Mensch wissen muss, zum Beispiel: »Meine Zähne müssen bald wieder angesehen werden.« Manche lassen mich an meinem Körper etwas spüren, sodass ich in diesem Beispiel in meinem eigenen Mund spüre, dass sich mit den Zähnen etwas falsch anfühlt. Und manche zeigen mir Bilder davon, dann sehe ich vielleicht, wie dieses Pferd mir die Zähne zeigt und dass diese schief aussehen und wie es beim Kauen merkwürdig aussieht.

Es ist in Ordnung, ein Pferd zu fragen, ob man in seinen Körper spüren darf, und sich dann in dieses Pferd hineinzuversetzen, wenn es das zulässt. Es besteht auch keine Gefahr, aus Versehen zu sehr im Pferd herumzuspüren. Denn wenn ein Pferd dazu nicht bereit ist, dann komme ich gar nicht erst so weit. Ich spüre dann also nichts. Dennoch ist ein »Körperscan«, also das systematische Absuchen des Pferdekörpers nach Symptomen auf telepathischer Basis, nicht Teil dessen, was ich meinen Schülern beibringen sollte oder möchte. Ich möchte, dass meine Schüler lernen, individuelle Pferdegespräche zu führen, in denen sie das Pferd selbst entscheiden und mitteilen lassen, wie und ob es über seinen Körper sprechen und inwieweit es uns dabei mehr wahrnehmen lassen möchte.

Die Gefahr, Menschen Techniken beizubringen, ist das zu kopfbasierte, also egolastige Lernen, das ich schon im Kapitel »So einfach ist es« beschrieben habe. Gerade für Anfänger der Tierkommunikation ist es wichtig, sich nicht an Techniken festzuhalten, um das Pferdegespräch nicht auf eine immer gleiche Art und Weise zu führen, denn das würde den ganz individuellen Pferdecharakteren nie gerecht werden. Du kennst das von Gesprächen mit Menschen. Wie ein Gespräch verläuft, das hängt vorrangig davon ab, wer mit wem spricht. Jeder darf seine eigene Ausdrucksform nutzen.

Eine andere Gefahr, einem Anfänger eine Technik beizubringen, die er ins Pferdegespräch mitnimmt, ist die Verkleinerung des Gesprächsraumes, die dabei passieren kann. Damit will ich sagen, dass wenn du dich immer auf drei Äpfel im Apfelbaum fixierst, du höchstwahrscheinlich auch immer diese und ein paar wenige in der Nähe pflücken willst und du kaum die weiter entfernt hängenden Äpfel erreichst. Vielleicht hat das Pferd aber ganz andere, wichtige Dinge zu sagen und vielleicht haben sogar seine körperlichen Probleme ihren Ursprung nicht im Körper an sich. Aber du möchtest immer nur die Körper-Äpfel pflücken.

Auch wird nicht jedes Pferd zulassen, dass man seinen Körper durchscannt.

Wenn diese gerade gelernte Technik dann also mal nicht funktioniert, stellt sich der Schüler selbst, völlig zu Unrecht, in Frage. Fast alle Anfänger schlussfolgern, wenn etwas neu Gelerntes nicht funktioniert, dass sie daran schuld sind. Sie bemerken noch nicht, dass das Pferd derjenige ist, der kein Interesse daran hat, gescannt zu werden. Es ist simpel: Kannst du in einen Pferdekörper hineinspüren, dann lässt das Pferd es zu. Klappt es nicht, dann verweigert es dir diesen Einblick in seinen Körper. Gerade bei Körperthemen passiert es häufiger, dass das Pferd generell kein großes Interesse hat, darüber viel zu sagen. Oftmals wenden sich Menschen an mich, die ihre Pferde schon auf unterschiedlichste Art und Weise haben durchleuchten lassen, weil etwas nicht stimmt. Diese Pferde sind vielfach diagnostiziert und ihre Körper analysiert. Trotzdem hat sich der vom Menschen zu bemängelnde Zustand nicht geändert und so landen sie bei mir. »Sie sind unsere letzte Hoffnung«, höre ich dann oft. Wenn ich das Pferd dann anspreche, ist es oftmals froh, sagen zu können, dass es diese ganzen Diagnosen gar nicht mehr möchte und dass es selbst das Problem anders wahrnimmt als der Mensch.

Wenn ich also auf eine körperbasierte Frage des Menschen dem Pferd als Erstes einen Körperscan aufdrücken wollte, wäre das in meinen Augen keine gute Gesprächsführung.

Für dich bedeutet das, dass du mal schauen kannst, welche Pferde dich in ihrem Körper zu Gast sein lassen möchten und welche nicht. Manchmal versetze ich mich in Pferde hinein, die mit mir über das Reiten sprechen. Es ist oft einfacher, die Themen des Pferdes beim Reiten besser zu verstehen, wenn ich als dieses Pferd das Reiten selbst erlebe. Das kannst du ganz einfach versuchen, indem du dir vorstellst, du würdest wie ein körperloser Geist in den Körper des Pferdes fahren und dort Platz nehmen. Der Pferdekopf ist dann dein Kopf, die Vorderbeine sind deine Arme, die Hinterbeine deine Beine. Es macht richtig Spaß, in einem bewegungsfreudigen Pferd zu Gast sein zu dürfen. Auf dieselbe Art und Weise fühlst du dich auch in Pferde ein, deren Körper du aus gesundheitlichen Gründen mal spüren möchtest, wenn sie es zulassen.

FRAGESTELLUNG

Ganz bewusst lasse ich im Tierkommunikation-Basiskurs die Pferdebesitzer der Übungspferde den anderen Teilnehmern keine Fragen an das Pferd mitgeben. Denn wie eben beschrieben minimiert oder beeinflusst anfangs jeder Fokus den Gesprächsraum. Wenn nun jemand fragt: »Hat mein Pferd Schmerzen?«, dann denken viele: »Hm, wenn sie das fragt, dann hat es vermutlich irgendein Problem.« Und damit hat man sich dann bereits auf ein vermeintliches, körperliches Problem fixiert, welches es vielleicht gar nicht gibt. Als Anfänger passiert es einem dann schnell, dass man die eigentlichen Dinge, die das Pferd sagen möchte, ignoriert. Für Fortgeschrittene ist das Arbeiten mit Fragen durchaus hilfreich, denn dort soll es ja hingehen, dass die Fragen des Menschen an das Pferd auch beantwortet

Halte deinen gedanklichen Gesprächsraum wie ein leeres Blatt, welches das Pferd füllen darf.

werden. Für den Anfang aber tust du dir einen großen Gefallen, ohne Fragen des Menschen zu arbeiten. Denn auch für dein Ego ist es überzeugender, wenn sich deine Treffer nicht damit erklären lassen, dass du alle Informationen ja bereits aus der Fragestellung ableiten konntest.

Jeder Mensch hat eine unterschiedliche Denkweise und eine individuelle Art, die Tierkommunikation zu erlernen. Für manche ist es schwierig, so völlig frei in das Pferdegespräch zu gehen und einfach erstmal abzuwarten, was da gedanklich passiert; welche Sinne man wahrnimmt und welche Informationen zu einem kommen. Dies ist aber tatsächlich der beste Weg, um anzufangen.

Lass' dich ruhig immer wieder neu darauf ein, dass du in einen gedanklich möglichst neutralen Raum gehst, den das Pferd dann mit Botschaften und Informationen füllen kann. Erinnere dich daran, dass die Verbindung nicht verlorengeht, sondern du einfach nur geduldig sein darfst. Falls du dennoch das Gefühl hast, keine Verbindung zu haben, dann beginne gedanklich immer wieder neu. Stell' dir deinen Gesprächspartner immer wieder neu vor oder denke seinen Namen und dann schau‘ erneut, was passiert.

Nur wenn du nach wiederholten Versuchen mit unterschiedlichen Pferden immer noch das Gefühl hast, du bekommst es nicht hin, dich auf diesen vom Pferd zu füllenden Gesprächsraum einzulassen, darfst du dir Fragen selbst überlegen. Wichtig ist dabei, dass du keine vom zugehörigen Menschen vorgegebenen

Fragen nimmst, sondern wirklich von dir erdachte. Bestenfalls sind es keine problemorientierten Fragen, sondern welche, die nur dazu dienen, euer Gespräch ins Laufen zu bekommen. Wichtig ist auch, dass du nicht in jedem Pferdegespräch denselben Fragenkatalog benutzt, weil dann wieder die Gefahr besteht, dass du außerhalb deines »Schema F« nichts mehr wahrnimmst von dem, was das Pferd dir eigentlich sagen möchte.

Manchmal fällt einem im Laufe des Gesprächs spontan eine Frage ein, die man stellen möchte. Nicht selten hat das Pferd dir diese Frage dann untergeschoben und möchte, dass du sie fragst.

Du kannst dir aussuchen, ob du während deines Pferdegesprächs schon Notizen über die Antworten machen möchtest oder ob du deine Augen geschlossen halten und das Gespräch nicht unterbrechen möchtest, um dir hinterher alles zu notieren.

Es ist Typsache, welche Option einem besser gefällt. Manche haben Angst, Details zu vergessen, wenn sie sich erst hinterher aufschreiben, was sie alles wahrgenommen haben. Andere brauchen das

MÖGLICHE FRAGEN

Hier sind einige Ideen zu guten Fragen, die man in Übungsgesprächen stellen kann. Achte darauf, sie zu variieren und nicht in jedem Pferdegespräch dieselben Fragen zu stellen, um gedanklich flexibel zu bleiben:

Was bist du so für ein Typ?

Was machst du gerne?

Was frisst du am liebsten?

Was magst du an dir besonders?

Wer sind deine Freunde?

In was für einem Zuhause lebst du?

Möchtest du mir etwas über deinen Körper sagen?

Mit solchen Fragen stellst du sicher, dass du einen positiven Grundton ins Pferdegespräch mitbringst. Für anfängliche Übungspferdegespräche sind negative, problembehaftete Themen nichts, was du initiieren möchtest. Falls das Pferd von selbst über Negatives spricht, ist es natürlich wichtig, dass du ihm zuhörst.

Gefühl, etwas niedergeschrieben zu haben, um es nicht zu vergessen, damit sie gut weiter zuhören können.

Beide Möglichkeiten sind gleich gut. Mach' es so, wie es dir sinnvoller erscheint. Vergiss dabei nicht, dass die Verbindung weiterbesteht, auch wenn du die Augen öffnest und schreibst. Dein Pferdegesprächspartner wartet geduldig. Du kannst dem Pferd auch kurz sagen: »Bin gleich zurück, muss kurz etwas notieren.« Und dann: »So, bin wieder da. Es kann weitergehen.«

GESPRÄCHSENDE

Wenn du also ein paar Minuten (anfangs reichen fünf, du kannst die Zeit dann beliebig ausdehnen) mit geschlossenen Augen dagesessen hast und dir dann alles notiert hast, was dir im Laufe dieser Zeit durch den Kopf ging, darfst du dein Pferdegespräch beenden.

Das Pferd wird es dir nicht übelnehmen, wenn du als Anfänger nicht gerade höflich bist oder vergisst, dich zu verabschieden. Das Gesprächsende ist nicht relevant oder wichtig. Du darfst es so gestalten, wie es für dich passt. Ob du dich bedankst und dem Pferd noch etwas Nettes sagst und dich verabschiedest oder einfach die Augen öffnest und dich auf die Notizen konzentrierst, ist deine Wahl. Das Pferd merkt, wenn du weg bist.

Du musst auch nichts Besonderes tun, um die Verbindung zu kappen. So leicht, wie du sie hergestellt hast, so leicht geht sie auch wieder weg, wenn du entschieden hast, fertig zu sein.

TIPP

Es ist sinnvoll, dieses einfache Pferdegespräch mit unterschiedlichen Pferden mindestens zehnmal zu wiederholen und sich Feedback von den Besitzern einzuholen, um erste Aha-Erlebnisse zu haben. Je weniger gut du die Pferde kennst und je weniger du von den Menschen weißt, umso besser kannst du deinen inneren Zweifler überwinden, der meint, du würdest dir die Ergebnisse nur ausdenken.

Falls dir dennoch mal ein Pferdegespräch nachhängt (das passiert sehr selten und vermutlich, weil es in dir etwas angeklungen hat, was du etwas zu gut nachfühlen kannst), dann kannst du zum Beispiel die Erdungsgeschichte »Wasserfall« wiederholen und dich dieses Mal ganz besonders darauf konzentrieren, dass das Flusswasser alles von dir abwäscht, was nicht zu dir gehört, und alles mitnimmt, was von anderen Wesen an dir haftet. Ich kenne niemanden, der danach noch Probleme damit hatte, aus einem Gespräch auszusteigen.

Du siehst, die ersten Pferde- und Tiergespräche sind nicht kompliziert. Du schaust dir das Foto an, schreibst dir auf, mit wem du sprichst, dann gehst du bestmöglich in die Erdung, schließt die Augen und schaust, was passiert. Das schreibst du auf.

KAPITEL 3

MIT DEINEM PFERD SPRECHEN

Dein Traum wird wahr. Zögere nicht länger, verbinde dich mit deinem Pferd. Auch dein Pferd träumt davon, dass du es endlich wirklich hörst. Lass' dich darauf ein, was es dir zu sagen hat.

Mit deinem Pferd sprechen

Nun geht es um euch – um dein Pferd und dich. Um eure Verbindung und Freundschaft zu etablieren oder zu vertiefen, gibt es keinen besseren Weg als den der telepathischen Kommunikation.

ÜBERMITTLUNGEN AN DEIN PFERD

Lass‘ dich nicht davon abbringen, das Sprechen auch mit deinem eigenen Pferd zu üben. Es ist hilfreich, neben deinem Pferd auch fremde Pferde zu sprechen, um es deinem Ego etwas leichter zu machen und besser annehmen zu lernen, dass du es kannst. Mit deinem eigenen Pferd zu sprechen, trainiert deinen Telepathie-Muskel aber genauso gut. Jedes Mal, wenn du in den telepathischen Austausch gehst, wird er stärker. Egal, ob das Pferdegespräch einseitig stattfindet und du nur erzählst, ob du nur bekannte Informationen als Antworten erhältst oder ob du auch neue Botschaften verstehst. Jedes einzelne Pferdegespräch übt deine Fähigkeit zur Tierkommunikation. Dein Apfelbaum wird jedes Mal ein wenig mehr geerntet.
Dein Pferd versteht außerdem immer, was du sagst. Egal, wie gut du meinst, mit ihm sprechen zu können. Dass du es versuchst, zeigt deinem Pferd, dass du ihm zuhörst. Wenn du also ein Anliegen hast, welches du mit deinem Pferd teilen möchtest, vielleicht weil es wichtig ist oder auch nur, damit es teilhaben kann an deinem Leben, dann solltest du es ihm erzählen. Hierfür hast du zwei Möglichkeiten.

1. Sprich dein Anliegen laut aus, wenn ihr zusammen seid.

Möglicherweise bist du längst jemand, den die anderen Menschen im Stall als etwas komisch abstempeln, weil du so viel mit deinem Pferd redest. Wenn nicht: Sei einer von ihnen. Dein Pferd wird es dir danken, wenn du dich traust, einfach mit ihm zu sprechen, so wie du auch

BESTE FREUNDINNEN ERZÄHLEN SICH ALLES

Vor vielen Jahren sprach ich mit Brixie, der Ponystute meiner Bekannten Saskia. Die beiden waren zusammen aufgewachsen und nun um die 30 Jahre alt. Brixie war also betagt und Saskia erwachsen. Sie waren beste Freundinnen, und als ich im Pferdegespräch mit Brixie von ihr die Botschaft erhielt, dass ihre Saskia schwanger sei, sagte diese: »Ja, das stimmt. Das weiß noch niemand, nur mein Pony weiß es. Ich habe es ihr erzählt, als wir spazieren waren.«

NONVERBALE BOTSCHAFTEN ÜBEN

Der Weg, deine Mitteilungen an dein Pferd loszuwerden, muss auch bei physischer Anwesenheit nicht unbedingt verbal sein. Du kannst auch lautlos bei ihm vor Ort üben.

- Wenn du zum Beispiel möchtest, dass dein Pferd zu dir kommt, wenn es ganz hinten auf der Weide steht, dann nimm dir einen Moment. Während du am Gatter stehst, schließt du kurz die Augen, denkst an dein Pferd und begrüßt es gedanklich. Zeige ihm vor deinem inneren Auge das Bild, wie es aufhört zu grasen, sich zu dir umdreht und in deine Richtung geht. Sende ihm Freude und ein gutes Gefühl dabei, auch ein Bild von dem Leckerli, welches du bereithältst. Vielleicht nimmt es dein Signal gerne an und kommt, ohne dass du den langen Weg machen musst. Je öfter du das machst, umso mehr wird es darauf reagieren. Es sei denn, es hat guten Grund, nicht zu dir zu kommen.

- Eine andere Idee ist, dass du beim Reiten denkst, anstatt zu handeln. Das heißt, dass du deinem Pferd zu Beginn eures Ausrittes gedanklich schon sagst, wo ihr heute traben und galoppieren könnt. Das geht natürlich auch auf dem Reitplatz oder in der Halle. »In der nächsten Ecke traben wir an«, kannst du beispielsweise denken und den Gedanken an dein Pferd richten. Manche Pferde traben dann sofort an, weil die Information »Trab« in dem Gedanken stärker war, als die Information »in der nächsten Ecke«, oder einfach, weil sie die Idee haben, dass Trab auch jetzt schon gut wäre.

Probier' einfach aus, Informationen über eure gemeinsamen Tätigkeiten vorab an dein Pferd zu übermitteln. Du kannst sie natürlich auch genau in dem Moment übermitteln, aber viele Skeptiker meinen dann, ihre Körpersprache hätte die ausschlaggebende Information vermittelt und nicht ihre Gedanken. Bei Vorabinformationen kannst du deutlicher spüren, dass dein Pferd eben nicht nur auf deinen Körper reagiert, sondern sogar mehr auf deine Gedanken.

Der berühmte Satz »Pferde spüren das«. sollte eigentlich heißen: »Pferde wissen das – von uns.« Unterschätze nicht, wieviel Ausschlag deine Gedanken auch im direkten Kontakt mit deinem Pferd haben. Je öfter du übst, gedanklich bewusst mit deinem Pferd zu kommunizieren, wenn du bei ihm bist, umso klarer wirst du im Umgang für dein Pferd.

mit Menschen sprichst. Zwar solltest du deinem Pferd nicht unbedingt schwierige politische Situationen erklären, aber Dinge, die dich oder euch betreffen, unbedingt. Du kannst einfach loserzählen. Dein Pferd wird froh sein, wenn du ihm erklärst, was dich gerade bewegt und wieso. Es lernt dich so besser kennen und kann dir ein noch besserer Freund sein.

Du kannst wirklich mit deinem Pferd verbal ganz normal reden und es versteht dich. Denn die Telepathie ist ein Kommunikationskanal, der immer mitschwingt. Egal, ob du sie bewusst benutzt oder Dinge einfach wie gewohnt laut aussprichst. Deine Gedanken schwingen immer mit, kommen immer an. Mal mehr, mal weniger intensiv. Für manche Menschen ist es anfangs leichter, Botschaften ans eigene Pferd verbal auszusprechen, anstatt sie nur gedanklich zu formulieren.

Ganz besonders hilfreich ist es, wenn du deinem Pferd erklärst, was von ihm verlangt wird. Hufschmiedbesuche, Stallumzüge, Herdenwechsel und andere Situationen werden leichter, wenn dein Pferd vorher weiß, was passieren soll, wieso es passieren soll und wie es sich bestenfalls verhalten kann. Versuche, während du erklärst, dir die Dinge auch bildhaft und emotional vorzustellen, anstatt sie nur auszusprechen. Dein Pferd wird nicht immer machen, was du ihm sagst, aber verstehen wird es dennoch. Und immer öfter macht es dann genau das, was du dir gewünscht hast.

MAKANI UND DAS TELEFONKABEL

Heute Morgen ritt ich mit meinen drei Pferden zur Wiese. Makani **läuft dabei** immer frei und schaut sich gern die anderen Strandgrundstücke an, viele davon sind unbebaut. Ein Telefonkabel hatte sich vom Mast gelöst und hing ca. einen Meter über dem Boden quer über ein leeres Grundstück. Makani lief darauf zu, bemerkte es nicht. Ich rief herüber: »Makani, bleib stehen! Da ist ein Kabel vor dir, wie eine Stromlitze. Du musst daran entlang, außen herum gehen!« und er blieb stehen, blickte mich an, ging dann genau daran entlang und um den Telefonkabelmast herum. Obwohl er nur zu gerne direkt durch Zäune geht, wenn sie ihm nicht sehr stabil vorkommen, und es ein Umweg in die Richtung war, in die er nicht gehen wollte. Er hatte verstanden, dass es mir ernst war.

Mouna hat vielen Menschen ihr allererstes Pferdegesprächserlebnis geschenkt. Sie weiß, wie man mit Menschen spricht.

2. Sprich telepathisch von zu Hause aus mit deinem Pferd.

Die andere Möglichkeit ist, dass du dir zu Hause einen ruhigen Moment aussuchst, in dem du dich hinsetzt und genauso mit deinem Pferd sprichst, wie du es aus diesem Buch gelernt hast. Du setzt dich mit deinem Notizbuch hin, schließt die Augen, erdest dich, denkst dann an dein Pferd und beginnst, ihm zu erzählen, was du auf dem Herzen hast. Vielleicht kannst du sogar die Anmerkungen deines Pferdes dazu verstehen. Selbst wenn nicht, kommt alles auch auf diesem Wege ganz sicher bei deinem Pferd an!

Wenn du deinem Pferd nicht nur einfach etwas erzählen möchtest, weil du es gern mit ihm teilst, sondern weil du ein

MEIN ERSTES GESPRÄCH MIT MOUNA

Kurz nach meinem Abschluss der Ausbildung zur Tierkommunikatorin kaufte ich mein erstes eigenes Pferd, meine Stute Mouna. Meine Lehrerin der Tierkommunikation hatte damals auf die Frage einer Teilnehmerin, wie lange es dauern würde, bis man gut mit den eigenen Tieren sprechen könne, eine entmutigende Antwort: »Ungefähr zwei Jahre.« Mein damals noch sehr selbstkritisches Ego, bestückt mit hohen Ansprüchen an mich selbst, war dann überzeugt, dass es so sein würde. Wieso sollte ich meine Lehrerin auch in Frage stellen? Bei Mouna versuchte ich es dann gar nicht erst, ordentlich mit ihr zu sprechen. Bis wir kurz darauf umziehen mussten. Ich dachte: »Was habe ich zu verlieren? Ich teile ihr einfach mal mit, wie es laufen sollte.« Dabei hörte ich gar nicht wirklich hin, ob sie etwas dazu sagen würde, in der Überzeugung ich könne sie ja eh nicht wirklich verstehen. Ich setzte mich einfach hin und ging in Gedanken alles durch und adressierte meine Botschaften an sie. Alles in der Hoffnung, dass es helfen würde.

Als ich am nächsten Tag zu ihr kam und wie immer den Paddock mistete, kam sie mir aufmerksam entgegen und wich mir nicht von der Seite. Sie ging die ganze Zeit direkt hinter mir her, wartete neben mir, während ich arbeitete, kam dann weiter mit. Zu dem Zeitpunkt war Mouna noch sehr introvertiert und kontaktscheu gewesen. Ihr Verhalten war untypisch. Ich wunderte und freute mich gleichzeitig darüber. Es klang immer wieder ein Satz sehr laut in meinem Kopf, während ich mistete: »Ich habe dich verstanden und tue mein Bestes.« Aber ich dachte, das würde ich mir sicherlich einbilden.

Kurz darauf ging der Umzug los. Alles verlief reibungslos. Obwohl Mouna große Angst vor Pferdehängern, der Verladesituation und dem Transportieren an sich hat, gab sie alles und war wirklich schnell auf dem Hänger. Sie stand vorbildlich ruhig auf dem Transporter, obwohl wir in tiefstem Winter auf spiegelglatten Straßen über drei Stunden in unser neues Zuhause fuhren. Dort angekommen verhielt sie sich genauso, wie wir es besprochen hatten. Die Begrüßung mit ihrem neuen Pferdekumpel verlief beispiellos unspektakulär, sodass alle beteiligten Menschen sich wunderten, wieso die beiden so tun würden, als kannten sie sich schon.

Mouna hatte alles verstanden. Ab diesem Moment wusste ich, dass wir sehr wohl und auch sehr gut miteinander sprechen können. Ich hörte ihr danach endlich zu.

Dein Pferd möchte ein friedliches, harmonisches Leben, welches es gemeinsam mit dir erleben darf.

wichtiges Anliegen hast, habe ich einen wichtigen Trick für dich, der auch ein Werkzeug im professionellen Pferdegespräch ist, welches regelmäßig für kleine »Wunder« nach den Pferdegesprächen mit meinen Kunden sorgt.

Du solltest dir angewöhnen, die anstehende Situation immer so zu erklären, wie sie im besten Fall stattfinden sollte. Also so, wie du sie dir wünschst. Wenn ihr beispielsweise einen Stallumzug vor euch habt, dann erzähle deinem Pferd als Erstes in den schönsten Tönen von allen Vorzügen des Stalles (»Dort hast du viel mehr Platz und es gibt sogar Bäume auf dem Paddock. Du kannst so viel Heu fressen, wie du magst. Es ist schön dort, ich fühle mich dort auch sehr wohl.«) und dann berichte, wann der Umzug stattfinden wird. Dein Pferd kennt vielleicht keine Wochen, Tage und Stunden, aber es hat dasselbe Zeitgefühl wie du, auch wenn du die menschlichen Bezeichnungen dafür verwendest. Du kannst ihm also wirklich sagen, an welchem Datum es losgeht, wie lange es noch bis dahin ist. Dann erklärst du ihm, wie es ablaufen wird. Nämlich dass du einen Hänger gemietet hast, ihr Zeit habt und es möglichst ruhig darauf steigen darf. Dass ihr nur 30 Minuten Fahrt vor euch habt und dass dein Pferd nach Ankunft erst einmal einen Bereich für sich bekommt mit tollem Futter und Aussicht auf die Wiesen, damit es ankommen kann. Je detailreicher und beruhigender du das erklären kannst, um so einfacher wird es für dein Pferd und um so höher stehen die Chancen, dass es sich tatsächlich so verhält.

Eine Vorausschau auf das, was passieren wird, hilft deinem Pferd ungemein dabei, sich angemessen zu verhalten.

Für dein Pferd sind solche Botschaften von dir am interessantesten, die in seinem Leben Sinn ergeben. Also jene Dinge, die euer gemeinsames Leben schöner, freudiger, leichter machen. Wenn du die telepathische Kommunikation mit deinem Pferd hingegen nutzen möchtest, um es zu manipulieren und es zu höheren Leistungen zu treiben, die es selbst vielleicht als sinnlos erachtet, wirst du nicht weit kommen. Tierkommunikation mit Pferden dient dazu, eure Freundschaft zu verstärken und eure Bindung zu vertiefen. Wenn du dich traust, mehr mit deinem Pferd zu sprechen, und verstanden hast, dass deine Botschaften wirklich bei ihm

ÜBERPRÜFE DEINE INTENTIONEN

Notiere dir hier Gründe, weshalb du gern mit deinem Pferd sprechen möchtest. Schreibe einfach stichpunktartig alles auf, was dir in den Sinn kommt. Mache vor jedem Grund einen Gedankenstrich.

Nun überprüfe ehrlich, welche Stichpunkte davon ein Bedürfnis sind, welches dein Pferd für dich befriedigen soll und die hauptsächlich für dich einen Vorteil oder Nutzen bringen (zum Beispiel so etwas wie: »Ich möchte Springreiten.« Oder: »Mein Pferd soll sich beim Ausreiten nicht mehr erschrecken.« Oder: »Ich will, dass es verlässlich ist, wenn mein Kind mit ihm umgeht.«), und markiere alle Gedankenstriche dieser Sätze rot.

Alle Gedankenstriche der Gründe, die vordergründig deinem Pferd zugutekommen, markierst du in Grün. (Zum Beispiel: »Ich möchte wissen, ob es sich etwas wünscht.« Oder: »Ich wünsche mir eine tiefere Verbindung.« Oder: »Ich glaube, mein Pferd ist unglücklich in seinem Stall und ich brauche seine Meinung zu einem Stallwechsel.«)

Schaue nun, ob du mehr rot siehst als grün. Ist dies der Fall, überdenke bitte deine Einstellung zu deinem Pferd und versuche, ihm noch besser zuzuhören. Eventuell hilft es euch beiden, wenn du mein erstes Buch »Wahre Freundschaft mit Pferden« liest.

ankommen, wirst du ganz sicher früher oder später damit belohnt, dass dein Pferd dir zeigt, dass es dich verstanden hat. Probiere es einfach aus. Du musst dafür noch nicht mal sonderlich in Tierkommunikation geübt sein.

FRAGEN AN DEIN PFERD

Wie bereits beschrieben, kann es für Anfänger schwierig sein, in Pferdegesprächen schon mit konkreten Fragen der zugehörigen Menschen zu arbeiten. Und wie ebenfalls beschrieben, bist du mit Fragen an dein eigenes Pferd sowieso auf einer anderen Ebene unterwegs, weil du befangen bist. Dennoch solltest du dich davon nicht abhalten lassen, deinem Pferd selbst alle Fragen zu stellen, die dir auf dem Herzen liegen. Egal wie sinnvoll dir die Antwort erscheint, jedes Gespräch mit deinem Pferd bringt euch näher zusammen. Falls du nicht weiterkommst, keine Geduld hast oder einfach gerne einen anderen Blickwinkel hättest, bitte jemand anderen, mit deinem Pferd zu sprechen. Noch heute bitte ich manchmal eine befreundete Tierkommunikatorin Kontakt zu meinen Tieren aufzunehmen, wenn ich meine, das könnte helfen.

Es gibt keine Fragen an dein Pferd, die du nicht stellen kannst. Es gibt ebenso wenig Formulierungen, die du vermeiden solltest. Nimm genau die Fragen, die dir auf der Seele brennen. Und dazu noch einige, die eher nebensächlich sind. Mit denen fängst du an, damit ihr erst einmal etwas entspannter reden könnt, bevor ihr über wichtige Dinge sprecht. Schreibe dir deine Fragen vorher auf und notiere dir

Nimm bestenfalls die Fragen, die dir als Erstes in den Sinn kommen. Vielleicht hat dein Pferd dir angebrachte Fragen vorgeschlagen, die du annehmen solltest.

die Antworten von deinem Pferd, auch die bekannten und die nebensächlichen. Je mehr Raum du deinem Pferd gibst, dir zu antworten, um so mehr wird es zu sagen haben.

GEDANKENHYGIENE

Du hast nun verstanden, dass Gedankenübertragung funktioniert und dass bei deinem Pferd ankommt, was du denkst. Wenn du bei ihm bist und eine schöne Zeit mit ihm verbringen möchtest, dann sind deine Gedanken maßgeblich ausschlaggebend, wie euer Zusammensein verläuft. Für dein Pferd und auch für dich selbst ist es eine gute Idee, wenn du dich in Gedankenhygiene übst. Dass du also lernst, dir bewusster darüber zu werden, was du eigentlich denkst.

Gedankenhygiene wird dir auch außerhalb deiner Pferdewelt viel Gutes bringen und dich insgesamt zu einem ausgeglicheneren, glücklicheren Menschen machen, der es etwas leichter hat. Dein Pferd ist gut darin, dich dabei zu unterstützen, weil du anhand seiner Reaktionen auf dich ziemlich gut sehen können wirst, ob deine Gedankenhygiene funktioniert und in welche Richtung du sie noch ausweiten darfst.

Lachen steckt auch Pferde an. Kannst du sehen, wie Makani lächelt?

Du kannst schon damit beginnen, bevor du zu deinem Pferd gehst. Mache dir einmal klar, was dir gerade noch alles so im Kopf herumschwirrt, das aber nichts mit deinem Pferd zu tun hat. Schreibe das kurz auf oder sprich es kurz und knapp in dein Handy, schließe dies mit der Absicht ab, es nun dort zu lassen. Dann überlege, was du heute eigentlich im Stall möchtest und denke kurz an dein Pferd, sende ihm etwas Vorfreude darauf, dass ihr bald zusammen seid.

Bist du dann bei ihm, erzähle ihm etwas Schönes über den Moment: »Heute ist das Wetter schön zum Ausreiten. Dein neues Heu duftet so. Dein Halfter steht dir gut. Schau‘ mal, die Stallkatze hat sich schon wieder in deine Decke eingerollt.« Befasse dich gedanklich möglichst immer mit dem, was du momentan machst: »Meine Füße fühlen sich gut an auf dem Waldweg, den wir spazieren. Deine Trense glänzt so schön, weil ich sie eben saubergemacht habe. Dein Fell ist so hübsch

puschelig. Die Luft ist heute so klar, ich kann tief durchatmen. Wie gut, dass wir so früh dran sind, alles ist leer.«
Was auch immer dir auffällt.
So übst du, den Moment wahrzunehmen und wertzuschätzen. Gute Gedanken machen gute Laune. Gedanken, die auf den Moment gerichtet sind, helfen, ihn zu genießen. Dein Pferd freut sich, wenn du das tust, weil du dann endlich mal ganz bei ihm bist. So viele Pferde wünschen sich, dass ihr Mensch präsenter ist, wenn er mit ihm zusammen ist. Für dein Pferd beweist du damit auch Führungskraft. Denn um zu führen, musst du den Moment überhaupt erst einmal wahrnehmen, präsent sein und dann eine ausgewogene Entscheidung treffen können. Je sauberer deine Gedanken also gerade den gemeinsamen Moment beschreiben, um so aufmerksamer und präsenter wirkst du auf dein Pferd. Falls du dir wünschst, dass es glücklicher, entspannter, freudiger ist, wenn es mit dir zusammen ist, ist

KOMPLIMENTE AN DEIN PFERD

Ehrliche Komplimente haben immer eine gute Energie und helfen optimal bei deiner Gedankenhygiene gegenüber deinem Pferd. Viele von uns sehen eher die Fehler an unseren Pferden (»Die Hufe stehen falsch«, »es ist nicht optimal bemuskelt«, »mein Pferd ist zu dick«). Übe hier, dein Pferd im besten Licht zu sehen und überlege dir fünf ehrliche, schöne Komplimente an dein Pferd (zum Beispiel: »Dein Fell glänzt so schön!«. Oder: »Dein helles Wiehern klingt wunderbar.«) und wiederhole diese gedanklich immer, wenn dir dein Pferd durch den Kopf geht. Notiere sie hier:

____

____

____

____

____

deine Gedankenhygiene der ausschlaggebende Faktor, noch vor jeglichem Training.

Unterschätze nicht, wie wichtig und kraftvoll deine Gedanken sind, nicht nur im Zusammensein mit deinem Pferd. Sie kreieren deine Realität. Achte darauf, was du denkst.

Falls dir die Gedankenhygiene nicht gleich gelingt und du deinen guten Vorsatz wieder vergessen hast, weil dich deine Stallfreundin angesprochen hat und ihr erst einmal über den Bereiter lästern musstet, macht das nichts. Je öfter du dich daran erinnerst und es für einen Moment schaffst, umso mehr gewöhnt sich dein Gedankenapparat daran. Der nächste Moment, in dem du gedanklich präsenter und positiver für dein Pferd sein kannst, ist dann schon länger und irgendwann wird es immer einfacher. Du wirst auch bald merken, dass es erleichternd und schön ist, in diesen Zustand überzugehen. Damit wird die Gedankenhygiene dann immer einfacher, denn was wir gern machen, fällt uns leichter.

Übe gedankliche Präsenz, um jeden Moment mit deinem Pferd in seiner Tiefe zu erleben.

WARUM MÄNNER ES MIT PFERDEN OFT LEICHTER HABEN

Kennst du diese stillen Männertypen in der Pferdewelt, bei denen Pferde automatisch irgendwie tiefenentspannt wirken? Bei denen die Pferde völlig selbstverständlich ausführen, was sie verlangen? Ich kenne eine Handvoll von denen.

Der Grund, wieso solche Männer es mit Pferden oft leichter haben, ist, weil sie weniger und nur auf den Moment beschränkt denken. Wir kennen alle die Witze darüber, wie viel Frauen reden und durchdenken und wie Männer manchmal einfach den Mund halten und nichts denken. Natürlich ist das ein Klischee und es gibt auch Gegenbeispiele. Aber der männliche Anteil in uns allen ist eher der Macher, der Selbstsichere. Der keine Fragen stellt und ohne Umschweife sagt, wie es ist. Der weibliche Anteil in uns ist der Empathischere, der sich Kümmernde, der sich immer fragt, wie es dem Gegenüber geht. Gepaart mit zu viel Selbstzweifel wird dann diese ständige Nachfrage, ob es auch okay so für das Pferd ist, zu einer unklaren, nervigen Dauerschleife in der Kommunikation, die nirgendwo hinführt.

Männer (oder Frauen), die mehr den männlichen Anteil leben und die dadurch klarer werden, die ihre Absichten oder den Moment, wie er gerade ist, genauso kommunizieren, machen es den Pferden leichter.

Leider neigt der männliche Anteil in uns allen auch dazu, das Ego in Richtung Größenwahn aufzublasen. Solchen Menschen kann es leichter passieren, dass sie ihre eigentliche Klarheit als Dominanz oder vermeintliche Überordnung dem Pferd gegenüber definieren. Dabei geht dann die Augenhöhe und die Freundschaft zwischen Pferd und Mensch verloren. Das Resultat sind dann zwar gefügige, aber traurige und erniedrigte Pferde.

Menschen mit ausbalancierten männlichen und weiblichen Anteilen können klar sein und handeln, dabei aber empathisch, verbunden und liebevoll bleiben. Diese ausgeglichenen Eigenschaften eines Menschen schätzen übrigens nicht nur Pferde, sondern auch alle anderen Wesen. Solche Menschen sind geborene Anführer.

KAPITEL 4

PFERDEGESPRÄCHE ÜBEN

Lass' dich nicht davon abbringen,
immer und immer wieder in Kontakt
zu gehen. Jedes einzelne Pferde-
gespräch bringt Verständnis.
Egal, was dein Ego dazu sagt.
Dein Mut zur Verbindung ist wertvoll
für die Pferde.

Pferdegespräche üben

Es ist bekanntlich noch kein Meister vom Himmel gefallen. Es liegt an dir, deine Fähigkeiten auszubauen, um einen möglichst großen Gesprächsraum für dein Pferd zu öffnen.

ÜBUNG MACHT DEN MEISTER

Wenn du Gefallen daran gefunden hast, mit Pferden in einen echten Dialog zu treten, dann ist es wie so oft: Übung macht den Meister. Am besten sprichst du mit so vielen Pferden, wie du kannst, um deine Erfahrungen zu sammeln. Dabei lernst du auch die unterschiedlichen Gesprächstypen kennen.

Mit Pferden ist es im Gespräch wie mit Menschen: Jedes spricht anders, jedes ist ein individueller Gesprächstyp. Manche sind schüchtern und brauchen etwas Anlauf, bis sie warm werden. Andere plappern viel und man möchte nie aufhören, sich zu unterhalten. Es gibt Pferde, die vermehrt Bilder zeigen, dafür kaum Sätze herüberbringen. Manche reden viel, lassen mich aber keine Emotionen spüren.

QUANTITÄT FÜR SELBSTZWEIFLER

Für mich war es anfangs wichtig, sehr viele verschiedene Pferde und andere Tiere zu sprechen, die ich nicht kannte und von denen ich gar nichts wusste. Einfach um mir selbst zu zeigen, dass ich es kann und um ausschließen zu können, dass ich mir nur in die Tasche lüge und mir die Ergebnisse aus den Tiergesprächen schönrede. Ich suchte mir Übungstiere über Aufrufe in Internetforen von Menschen, die ich nicht kannte. Je mehr Tiere ich sprach und je weniger ich über diese Tiere wusste, bevor ich das Gespräch aufnahm, umso besser war das für mein Selbstbewusstsein. Ich erkannte, dass eine artübergreifende Trefferquote von über 90 % kein Zufall mehr sein konnte. Dass es unmöglich ist, mir so viele, teilweise weit hergeholte Informationen einfach nur auszudenken. Diese rein rechnerische Ausschlusstheorie half meinem inneren Zweifler, zu erkennen, dass es tatsächlich klappt, auf telepathischem Wege mit Tieren zu sprechen.

Andere erzählen mir Dinge, die wie aus einer anderen Welt wirken. Manche sind spiritueller veranlagt, andere denken um die Ecke und einige nur von A bis B. Es gibt Pferde, die sich sehr hochgestochen ausdrücken und die viel Respekt verlangen, um überhaupt mit mir zu sprechen. Und es gibt welche, die lustig sind. Sinn für Humor ist tatsächlich auch im Tierreich verbreitet. Es gibt richtig witzige Pferde, die es mögen, wenn Menschen sich mit ihnen amüsieren.

Daraus kannst du schlussfolgern, dass nicht jedes Pferdegespräch gleich ist, sondern wirklich jedes einzelne ganz individuell abläuft.

Jedes Pferd darf seine ganz eigene Gesprächsform finden, ohne dass du diese aus Selbstzweifeln über deine Fähigkeiten in Frage stellen musst. Übe, anzunehmen, wie das jeweilige Pferd mit dir spricht. Ihr seid beide gleichwertige Gesprächspartner und auch du trägst zur Gesprächsführung bei. Damit das Pferde-

DU BIST NICHT DAS PROBLEM

Natürlich ist es gut und richtig, sich selbst beim Üben der Pferdegespräche auch kritisch zu betrachten und zu versuchen, es beim nächsten Mal besser zu machen. Die meisten von uns haben aber einen übertrieben lauten, inneren Kritiker, der zu hart über uns urteilt. Damit bremsen wir uns und somit auch das Pferdegespräch dann oft aus.

Ein mir sehr gut bekanntes Anfängerphänomen ist es, dass viele Schüler anfangs meinen, dass es an ihnen lag, dass das Pferd vielleicht kaum Bilder gezeigt hat, wenig gesagt hat, keine Emotionen vermittelt hat oder sie keine Antwort zu etwas bekommen haben. Man denkt dann, man sei einfach unkonzentriert gewesen, zu müde, zu sehr mit sich selbst beschäftigt. Fast immer, wenn sich Schüler in meinen Basiskursen dann mit diesen Aussagen entschuldigen, weil sie in ihren Augen kaum etwas vom Pferd empfangen haben oder es irgendwie schwierig war im Pferdegespräch, stellt sich hinterher heraus, dass es nicht an ihnen lag. Meistens ist es dann so, dass auch andere Schüler bestätigen, dass sie es schwer hatten und nur wenige Botschaften vom Pferd notieren konnten. Gerade bei schüchternen, introvertierten oder manchmal auch bei besonders traumatisierten Pferden kann man es anfangs schwer haben.

gespräch zustande kommt, brauchst du nur deine Intention, dieses Gespräch führen zu wollen. Damit kannst du sicher sein, dass dein Pferdegesprächspartner dich wirklich hört und der Raum offen ist, sich dir mitzuteilen. Du darfst also geduldig sein, freundlich sein oder auch mal nachfragen, wie sich das Pferd überhaupt mit etwas fühlt, wenn es dir beispielsweise nur harte Fakten, aber keine Emotionen dazu übermittelt. Je mehr Pferde du sprichst, umso flexibler wirst du in deiner Gesprächsführung.

Du als gleichwertiger Gesprächspartner hast also einen 50 % Anteil am Inhalt und Ablauf des Pferdegesprächs. In noch nicht professionellen Gesprächen mit Tieren ist es ebenso, wie in Menschengesprächen: Die Chemie muss stimmen, damit man wirklich gut reden kann.

Es ist möglich, dass ein Pferd mit einem Menschen leichter ins Gespräch kommt als mit einem anderen. In meinen Kursen sehe ich das regelmäßig. Ein Pferd hatte zum Beispiel einer Teilnehmerin gesagt, dass sie es sehr an seine Tierärztin erinnern würde, vor der es Angst hat, und es deshalb nicht so große Lust hatte, sich ihr bezüglich seiner körperlichen Gebrechen zu öffnen. So etwas braucht man nicht persönlich zu nehmen. Wir kennen das: Mit manchen hat man gleich eine Grundlage, andere sind einem suspekt, ohne dass man direkt weiß, wieso. Wenn man als Anfänger mit Pferden spricht, also ohne professionelle Präsenz, dann kann so etwas schon mal zwischen einem und dem Pferd stehen und das Gespräch beeinflussen. Mit Übung und professioneller Arbeit, die man in einer Ausbildung zur Tierkommunikatorin erlernt, wird das sehr viel besser.

VERGISS NICHT

Auch die Pferdegespräche mit deinem eigenen Pferd profitieren davon, wenn du die Tierkommunikation mit anderen Pferden übst. Je mehr Erfahrungen du sammelst, umso flexibler wird deine Gesprächsführung und umso größer wird der Gesprächsraum, den du schaffst. Auch für dein eigenes Pferd.

ALLES BLOSS EINBILDUNG

Wie eingangs beschrieben, können sich Pferdegespräche anfangs anfühlen, als wären sie bloß ausgedacht. Das Gefühl, eine Botschaft von einem Pferd zu erhalten, ist dem Gefühl, sich etwas auszudenken, sehr ähnlich. Es ist nur menschlich, dass einem deshalb der Kopf gern im Weg steht, wenn man Tierkommunikation lernen möchte. Niemand möchte sich selbst belügen und viele Menschen glauben, es sei doch zu schön, um wahr zu sein, dass man wahrhaftig telepathisch mit Pferden und anderen Tieren sprechen kann.

Es gibt keinen Trick, den ich Anfängern verraten kann, um von Anfang an klar zu unterscheiden, was vom Pferd kommt und was man sich selbst so denkt. Ich schicke meine Schüler gerade zu Beginn der Ausbildung einfach immer wieder und wieder in die Praxis und lasse sie viele Erfahrungen mit unterschiedlichen Pferden sammeln, damit sie merken: Rein rechnerisch kann es kein Zufall mehr sein. Es ist nicht möglich, sich so viele passende Fakten zufällig zu einem völlig unbekannten Pferd auszudenken, von dem man nur ein Foto des Gesichts kennt, welches nicht mal sonderlich aktuell sein muss.

Womit ich aber helfen kann, ist zu identifizieren, was die stattfindenden Gedanken im Moment des Pferdegesprächs alles sein können. Denn ca. 95% von ihnen sind ganz klar Botschaften von den Pferden und eben nicht Ausgedachtes der Menschen. Ich bin überzeugt, dass auch die restlichen 5% zu dem Pferdegespräch gehören, wir als Menschen aber manchmal noch nichts damit anfangen können.

So wie dein Gehirn dir hilft, indem es automatisch Botschaften der Pferde direkt in Sprache übersetzt, so hilft es dir auch bei anderen Sinnen, mit denen du die Pferdegespräche führst. Es kann beispielsweise sein, dass, wenn ein Pferd dir etwas über seinen Stall erzählt, du es erst einmal in einem Stall siehst, den du kennst. »Das kann ja nicht sein, das Pferd lebt doch ganz woanders!«, denkst du dir und wischst die Botschaft weg. Würdest du weiter schauen, was da kommt, dann würde sich der bekannte Stall langsam verwandeln in das, was dir dieses Pferd sagen möchte. Vielleicht siehst du dann einen spezifischen Pferdefreund oder dass es loses Heu immer zur Verfügung hat oder wie es friert, weil es sich nicht in den zu kleinen Unterstand traut, wenn es regnet. All diese Informationen fügen sich dann in das Bild des bekannten Stalls ein und verändern ihn so Stück für Stück. Dass du anfänglich eine dir bekannte Kulisse siehst, die das Pferd nicht kennen kann, ist dann also wie eine Unterstützung, die du von deinem Gehirn geliefert bekommst. Wie ein Rahmen, den du dir schon gut vorstellen kannst, in den dann die tatsächlichen Aussagen des Pferdes hineingesprochen werden können.

Es ist auch möglich, dass dir ein Pferd Dinge erzählt, von denen du felsenfest überzeugt bist, dass sie nicht von diesem Pferd stammen können, einfach weil es ein Pferd ist und kein Mensch. »Mein Lieblingsessen sind Spaghetti Bolognese«, sagt es vielleicht und du weißt: »Das ist nicht möglich«. Dann aber zeigt dir das Pferd, dass es zu Hause bei seinem Menschen lebt und wenn der Spaghetti Bolognese kocht, dann hat er besonders gute Laune, denn das ist sein Leibgericht. Das Pferd riecht durch den Küchenabzug außen am Haus bis in den Stall, dass es heute wieder »Gute-Laune-Essen« bei seinem Menschen gibt. Es geht dann ums Haus herum und schaut durchs Küchenfenster herein, um dabei zu sein. Denn wenn sein Mensch sich freut, freut sich auch das Pferd. Deshalb ist seine Antwort auf die Frage nach einem Lieblingsessen etwas, das es selbst nicht fressen könnte oder würde. Aber eben das Lieblingsessen seines Menschen. Das klingt abwegig, ist aber genauso schon vorgekommen.

Pferde nehmen mehr wahr und denken komplexer, als Menschen sich bisher vorstellen konnten.

Es kann auch sein, dass dir ein Pferd etwas erzählt, was gar nicht vollständig zu ihm selbst gehört. Manche Pferde sind besonders sensibel und nehmen alle möglichen Umweltreize in sich auf. Solche Pferde sind oft auch sehr empathisch und wenn ihr Boxennachbar Bauchschmerzen hat, dann fühlen sie das mit. Es kann also sein, dass du eine Information von einem Pferd bekommst, die eigentlich zu seinem Menschen gehört oder zu einem Pferdefreund oder einem anderen tierischen Herdenmitglied. Das hast du dann nicht falsch verstanden, sondern als sehr empathisches Wesen leidet man buchstäblich mit. Die Bauchschmerzen sind für das Pferd dann auch bei sich selbst spürbar, auch wenn es selbst keine Kolik davon bekommt, der Boxennachbar aber schon. Mit Übung wirst du lernen zu bemerken, wann das Pferd über andere spricht, mit denen es Empfindungen teilt, und wann die Quelle der Empfindung hauptsächlich bei ihm selbst liegt, es also selbst Hilfe für eine Kolik braucht.

Ein anderes Beispiel, welches ich gern nutze, um meine Schüler vorzubereiten, ist dieses:
Du sollst ein Pferdgespräch führen und weißt, dass du nun fünf Minuten Zeit hast, um zuzuhören, was das Pferd sagt. Aber die ganze Zeit beschäftigst du dich gedanklich immer nur damit, dass du bald mal wieder zum Friseur müsstest, der letzte Besuch ist ja schon ein Jahr her und du müsstest unbedingt mal wieder hin, weil deine Haare ja nun so lang geworden sind. Am Ende bist du enttäuscht, weil du offensichtlich gar nicht mit dem Pferd sprechen konntest. Dabei hat es dir die ganze Zeit versucht, zu erklären, dass es zu warm ist in seinem Winterfell und es Probleme mit dem Fellwechsel hat, weswegen es wirklich gern geschoren werden möchte, so wie letztes Jahr.
Es kann also auch passieren, dass du die Gesprächsinhalte, die dir das Pferd übermittelt, in Gedanken über dich selbst verwandelst.
Mit zunehmender Übung verringert sich die Verwechslung der Pferdegedanken mit eigenen Gedanken ziemlich schnell. Dann merkt man gleich, dass es das Pferd ist, welches zu lange Haare hat, nicht man selbst. So mancher Kopf braucht eben seine häufigen Wiederholungen und Erfahrung, um unterscheiden zu lernen oder besser gesagt, glauben zu lernen, dass die Gedanken, die nach dem Pferde-

DIE ARMEN KÜHE

Eine Teilnehmerin der Pferdeflüsterer-Ausbildung sprach in ihren ersten Pferdegesprächen mit einer Stute, die ihr berichtete, dass ihr die Kühe von gegenüber leid täten. Sie hätten es nicht gut dort. Damit konnte die Teilnehmerin erst einmal nur wenig anfangen. Die Besitzerin berichtete dann aber, dass es auf der anderen Straßenseite vom Stall des Pferdes eine Rindermassenhaltung gäbe. Es wäre ein großes, geschlossenes Gebäude und man würde die Kühe nie zu Gesicht bekommen, weil sie immer nur drinnen wären. Aber die Weide ihrer Stute läge genau an der Straße und von dort könne sie das Gebäude der eingesperrten Rinder sehen und auch ihre Klagelaute hören.

Zu erfahren, dass ein Pferd weiß, dass Rinder in seiner Nachbarschaft in schlechten Verhältnissen leben und dass es auch noch Mitgefühl mit ihnen hat, ist ein wichtiger Moment für jemanden, der mit Pferden sprechen lernt. Denn erstens ist diese Information zu komplex und spezifisch, um sie als ausgedacht abzutun. Und zweitens zeigt sie auf, dass Pferde speziesunabhängig empathisch sein können.

gesprächsstart kommen, tatsächlich fast ausnahmslos vom Pferd stammen. Das erlebe ich in allen meinen Kursen seit 2009.

Als Anfänger der Tierkommunikation ist man schnell dabei, die empfangenen Informationen zu bewerten oder zu beurteilen und vermeintlich eigene oder unmögliche Gedanken gleich abzutun. Damit nimmt man sich selbst Erfolgserlebnisse und gleichzeitig signalisiert man dem Gesprächspartner Pferd, dass es nicht wirklich gehört wird. Scheue dich also nicht, auch wirklich absurde oder abwegige Dinge aufzuschreiben, wenn du deine Pferdegespräche übst. Gerade diese sind so gute Aha-Effekte für dein Lernen, wenn du sie tatsächlich vom Besitzer als stimmig rückgemeldet bekommst.

DIE ÜBUNGSHALTUNG

Dieses Buch kann dir beibringen, wie du erste, verblüffende Erfahrungen damit machen kannst, wenn du mit Pferden und anderen Tieren sprichst. Es ist dein Start in die Tierkommunikation.

Ich möchte dich dazu anregen, immer und immer wieder zu versuchen, mit den Pferden zu sprechen und immer mehr Informationen dabei zu erhalten. Dabei ist es wichtig, dass du deine Pferdegespräche mit einem Anfängergeist durchführst. Das bedeutet, dass du dir im Klaren darüber bleibst, dass es noch mehr dazu braucht, um eine professionelle Tierkommunikatorin für Pferde zu werden, als dieses Buch gelesen und einige Pferdegespräche geführt zu haben. Mit Tieren zu sprechen, ist eine einfache Sache, die ich in einem Buch problemlos beschreiben kann und die ich dir in einem eintägigen Webinar einfach und erfolgreich beibringe.

Die Kunst einer professionellen Tierkommunikation und der Unterschied zwischen einfachen und professionellen Pferdegesprächen liegt darin, dabei eine professionelle Präsenz zu bewahren. Und natürlich braucht es noch ein paar weitere Handgriffe, die es in einer Ausbildung zu lernen gilt.

Es ist einfacher, schöner und fördernder für dich, wenn du dich als Anfänger nicht gleich darauf stürzt, die Welt retten oder Pferdeleben grundlegend verändern zu wollen. Es ist nicht hilfreich, mit eigens produziertem Druck das zarte Pflänzchen deiner Tierkommunikationsfähigkeiten gleich wieder zu zertrampeln. Es ist sicherlich gut gemeint, helfen zu wollen. Aber um wirklich helfen zu können, braucht es erst einmal viel Erfahrung und dazu einen sicheren Gesprächsraum. Die Erfahrung sammelst du als Anfänger – mit einem freudigen Anfängergeist.

Als Anfänger mit Pferden zu sprechen, bedeutet, keinerlei Verantwortung über die Gesprächsinhalte zu tragen. Wenn du Übungsgespräche führst, dann sind diese ohne Gewähr. Sie haben keinen Anspruch auf Vollständigkeit. Es kann sein, dass du nur einseitige Informationen vom Pferd erhältst (weil du vielleicht nur auf einer Seite des Apfelbaums stehst), und dass deinem Pferdegespräch somit wichtige Informationen aus anderen Gesprächsbereichen fehlen. Es kann auch sein, dass du etwas falsch verstehst oder aus Versehen falsch interpretierst. Das ist alles völlig in Ordnung, weil du noch übst.

Um besser zu werden, brauchst du den Besitzer des Pferdes. Sein Job ist es, dir eine möglichst ausführliche Rückmeldung zu geben, damit du abgleichen kannst, was du da empfangen hast und wie es in Bezug auf die Wahrnehmung des Menschen einzuordnen ist. Denn nur so lernst du, Verständnis auf beiden Seiten zu schaffen und selbst zu verstehen, wie Pferde sich mitteilen. Deine Übungsgespräche sind also ein guter Deal für alle Beteiligten: Du kannst üben und gewinnst an Erfahrung. Das Pferd hat die Chance, sich mitzuteilen. Der zugehörige Mensch bekommt Einblick in die Gedankenwelt seines Pferdes. Mache dem Menschen klar, wenn du mit seinem Pferd sprichst, dass dies vereinbart ist und dass du nur Anfängerarbeit leisten kannst und dass deshalb dieses einfache Pferdegespräch nichts kostet.

Falls der Mensch aber wichtige Fragen hat, sich mehr davon verspricht oder wirklich Hilfe mit seinem Pferd braucht, tust du euch allen einen großen Gefallen, wenn du klar kommunizierst, dass in diesem Fall ein professionelles Pferdegespräch angebracht ist.

Zu viel Druck von außen macht dir die Tierkommunikation schnell kaputt. Telepathie ist etwas schwer Greifbares. Sie verflüchtigt sich, wenn du zu vorbelastet in das telepathische Gespräch gehst. Für einen Anfänger wird es schnell zu schwierig, wenn Anspruch von anderen hinter der Gesprächsabsicht steht. Wichtige Fragen oder zu viele Fragen oder überhaupt Fragen vom Besitzer können Druck erzeugen. Ein zu hoher Hilfsanspruch an sich selbst ebenso. Ein eigenes Ego, welches wichtig und großartig daherkommen möchte, kann auch Druck erzeugen. Zu krasse Schicksale (zum Beispiel Tierschutzfälle) können auch zu viel Stress machen, um als Anfänger noch gut sprechen zu können. Spare dir diese Tiefschläge. Sammle deine Erfahrungen lieber in leichteren Gesprächsgefilden, um eine gute Basis zu erlangen. Überlasse Probleme lieber den hauptberuflichen Tierkommunikatoren. Damit hilfst du dann am besten.

ANZEICHEN, DASS JEMAND EIN PROFESSIONELLES PFERDEGESPRÄCH BRAUCHT

- Es sollen lebenswichtige Fragen gestellt werden wie: »Soll ich mein Pferd einschläfern lassen?« oder: »Möchte mein Pferd diese Operation?« oder: »Möchte mein Pferd verkauft werden?« etc.
- Der Pferdebesitzer ist sehr skeptisch, lässt dich wissen, dass er von der ganzen Sache nichts hält und macht sich im Vorfeld lustig darüber oder versucht, dich und deine Fähigkeiten kleinzureden.
- Der Pferdebesitzer ist sehr emotional und steckt in einer anscheinend ausweglosen Lage mit seinem Pferd fest. Er macht zum Beispiel Aussagen wie: »Sie sind meine letzte Hoffnung.« Oder: »Kein Trainer kann uns helfen.« Oder: »Die Tierärzte sind ratlos.«
- Der Pferdebesitzer vermittelt einen großen Hilfsanspruch in irgendeiner Art und Weise.
- All diese Situationen beschreiben einen gewissen Anspruch an das Pferdegespräch. Als Anfänger solltest du Anspruch vermeiden, um gut mit dem Pferd sprechen zu können. Selbst wenn du dich dennoch traust, fehlen dir wichtige Werkzeuge und Fähigkeiten in der Gesprächsführung, um dem Pferd und seinen Aussagen auf qualifizierte Weise gerecht zu werden.

ÜBEN MIT WILDTIEREN

Freilebende Wildtiere sind ihre eigenen Herren und haben keinen dazugehörigen Menschen, der mit im Boot sein muss. Du kannst sie einfach ansprechen. Mit Wildtieren üben sich Tiergespräche genauso gut wie mit Haustieren. Dein telepathischer Kanal erweitert sich mit jedem Pferde- oder Tiergespräch ein Stückchen mehr.

Du kannst Wildpferde ansprechen, die du gesehen hast, oder auch den Schmetterling, der gerade an dir vorbeifliegt. Bei Wildtieren kann die Gesprächsbereitschaft mal etwas geringer ausfallen, weil ihr Interesse an Kontakt zum Menschen nicht immer groß ist. Aber genügend Wildtiere schätzen es, wenn man ihnen zuhört. Mit Wildtieren spricht es sich besonders gut, wenn du ihnen Respekt zollst, Komplimente machst und ihr Leben bewunderst. Frag' sie vielleicht sogar, welchen Rat sie dir als Mensch aus ihrer Sicht geben können oder ob es etwas gibt, was du über sie noch nicht verstanden hast. Obwohl du kein Feedback von einem Menschen bekommen kannst, der dir deine Ergebnisse bestätigen soll, sind Übungsgespräche mit Wildtieren ein schöner Weg, deinen Horizont zu erweitern und deinen Erfahrungsschatz zu vergrößern. Du wirst viel lernen können, wenn du Wildtieren zuhörst.

Wildtiere in Menschenobhut, also Wildtiere im Zoo oder Haustiere und Wildtiere im Tierheim sind keine guten Übungstiere, weil entweder ihr Schicksal oder ihre Hoffnung auf Hilfe und Veränderung zu groß ist, oder weil sie dem Menschen gegenüber schon zu abgestumpft sind. Auch wirst du den rechtmäßigen Besitzer hierbei nur schwer ins Boot holen können. Vermeide solche Gespräche für den Anfang.

KAPITEL 5

HÜRDEN IN DER PRAXIS

Findest du Steine auf deinem Weg in die Tierkommunikation, umspüle sie einfach, integriere sie und fließe weiter. Sie gehören zu deinem Lernprozess und machen deinen Gesprächsfluss nur noch stärker.

Hürden in der Praxis

Nach einigen Übungsgesprächen wird es vielleicht ein paar Dinge geben, über die du dir Gedanken machst. Hier lernst du, wie du damit am besten umgehst.

ABGRENZUNG

Das Wort »Abgrenzung« wird gern und viel im Zusammenhang mit feinstofflicher, telepathischer oder energetischer Arbeit benutzt. Viele Anwender tragen es wichtig vor sich her und legen schon zu Beginn eines Unterrichts sehr viel wert darauf. Bei mir ist es anders.

Das Wort »Abgrenzung« beinhaltet vor allem eine Grenze. »Bis hier hin und nicht weiter« lautet die Botschaft. Sie besagt das Aufstellen einer Grenze, das Abgrenzen. Ich verstehe schon, warum viele darauf eine große Wichtigkeit legen. Das Bedürfnis entstammt einer Angst, ansonsten zu involviert zu sein, zu tief einzusteigen und eventuell sogar Belastungen aus dem Kontakt zu anderen im Rahmen dieser Arbeit mitzunehmen.

Ich empfinde es aber als sehr viel besser, sich nicht von Anfang an abzuschotten, denn damit nehme ich mir als Lernende wichtige Erfahrungen in meinen ersten Pferdegesprächen. Es ist wichtig, anfangs so offen wie möglich an die Pferdegespräche heranzugehen, um mitzubekommen, was alles wie kommuniziert werden kann. Es ist wichtig, mal die tiefe Traurigkeit eines ausgenutzten und verbrauchten Pferdes gespürt zu haben, selbst wenn sie einen noch eine Nacht oder auch eine Woche lang verfolgt. Es ist wichtig, am eigenen Leib Symptome gespürt zu haben, auch wenn man vielleicht danach noch etwas braucht, um sie loszuwerden. Es ist wichtig, versucht zu haben, einer engen Freundin mit ihrem »Problempferd« zu helfen, um festzustellen, dass man für Freunde kein guter Profi sein kann und sich alles nur weiter im Kreis dreht, von dem man dann selbst auch ein hilfloser Bestandteil ist. All diese Erfahrungen kann ich dir als Lehrerin zwar erklären, aber sie selbst zu erfahren definiert und manifestiert deine Arbeitsweise sehr viel besser, als sie nur mal gehört zu haben.

Deshalb wird das Thema Abgrenzung für meine Schüler und auch für dich mit dem Lesen dieses Buches gestrichen. Ich fordere dich sogar dazu auf, dich wirklich einzulassen, so gut und tiefgehend, wie du kannst. Gerade deine ersten Pferdegespräche prägen sich ein, ich erinnere mich noch heute daran. Das gängigste Anfängerproblem ist nicht, zu tief einzusteigen, sondern eher das Gegenteil. Unsere Egos halten uns erst einmal eher davon ab oder lassen uns nur oberflächlich kommunzieren.

Hab‘ keine Angst, es kann nichts passieren, du darfst dich entspannen. Es ist noch niemand davon gestorben oder ein anderer Mensch geworden, weil er als

Anfänger in einem Pferdegespräch zu involviert war. Und auch kein Pferd hat bis jetzt darunter gelitten.

Tierkommunikation ist einfach nur ein Gespräch – nicht mehr und nicht weniger als das. Auch wenn es auf telepathischer Ebene stattfindet, kannst du beruhigt sein, dass dabei nichts Schlimmes passiert.

Wenn du die »Pferdeflüsterer-Ausbildung« oder die »Intensivausbildung Tierkommunikation« bei mir absolvierst, dann wirst du Schritt für Schritt lernen, wie du mit einer professionellen Haltung ausführliche Pferdegespräche mit Mensch und Pferd zeitgleich führst. In dieser Haltung, ich nenne sie Präsenz, installierst du eine gewisse Schutzhaltung, die dennoch mit Durchlässigkeit daherkommt, um gut sprechen zu können. Diese Schutzhaltung hilft dir gleichzeitig, dass nicht aus jedem Pferdegespräch ein Schicksal in deinem System verhaftet.

Als Profi ist es wichtig, dass du alles wahrnehmen kannst, was in dem Pferdegespräch kommuniziert wird, das Gespräch halten kannst und es aber auch wieder komplett loslassen kannst, wenn das Gespräch vorbei ist. Die Fähigkeit zu dieser Präsenz macht den größten Unterschied zwischen einem Anfänger oder ungelernten Tierkommunikator und einem Profi.

Als Anfänger, also wenn du einfach in deiner privaten Haltung auf freundschaftlicher Basis mit Pferden und anderen Tieren sprechen möchtest, brauchst du dich weder mit Abgrenzung noch mit Präsenz zu beschäftigen. Du übst einfach in der beschriebenen Übungshaltung und sammelst deine Erfahrungen.

MIT MENSCHEN SPRECHEN

Der Beweggrund vieler Menschen, sich für eine Ausbildung in Tierkommunikation bei mir anzumelden, ist manchmal dieser: »Ich möchte einfach gern weniger mit Menschen und mehr mit Pferden/Tieren arbeiten.« Auch ich wurde damals Zootierpflegerin und blieb im tierischen Berufsfeld, weil ich mich in der Gegenwart von Tieren generell wohler fühle als in der von Menschen.

Wenn ich heute darauf schaue, mit wie vielen Menschen ich arbeite und mit wie vielen Pferden, dann sind die Menschen doch wieder in der Überzahl. Es sind die Menschen, denen ich etwas beibringe, und es sind gleichermaßen die Pferde und die Menschen, denen ich helfe. Im Laufe meiner Karriere als Tierkommunikatorin habe ich mich daran gewöhnt und auch verstanden, dass dies Teil meiner Aufgabe ist. Ich scheine gut darin zu sein, Menschen anzuleiten, mit Pferden und anderen Tieren wieder mehr in Kontakt zu gehen. Nicht zuletzt hatte ich mir genau das auch als Arbeitsfeld gewünscht, lange bevor ich von Tierkommunikation überhaupt gehört hatte.

In jedem von mir geführten Pferdegespräch ist der Mensch ein gleichberechtigter Gesprächspartner. Ich bin nicht hauptsächlich als Sprecherin der Pferde unterwegs, sondern mehr als Vermittlerin zwischen Pferd und Mensch. Es ist wichtig, dass ich den zum Pferd gehörigen Menschen in seinen Aussagen genauso wichtig nehme und verstehe, wie das Pferd.

Als Anfänger ist dein Anspruch noch gar nicht, wirklich zu helfen. Deshalb brauchst du den Menschen noch nicht als Teil des Pferdegesprächs betrachten oder ihn über das Mitteilen deiner Ergebnisse hinaus involvieren. Wenn dir die Begegnung oder Kontaktaufnahme mit einem Menschen unangenehm erscheint oder dich zu überfordern droht, dann darfst du gern Abstand davon nehmen, mit seinem Tier zu sprechen. Deine Übungserfahrungen dürfen unter wohlwollenden Bedingungen passieren, damit du gut lernen kannst. Es ist in Ordnung, das Pferdegespräch doch nicht zu führen, wenn etwas mit dem Menschen für dich nicht passt.

Falls du es doch tust: Erinnere dich immer wieder daran, wie deine Übungshaltung ist, und lasse dich nicht in die Problematik des Menschen hineinziehen, wenn du Pferdegespräche übst. Selbst dann nicht, wenn derjenige begeistert ist und dich mehr beanspruchen möchte.

Falls du dich dennoch in einer misslichen Situation mit dem Pferdebesitzer wiederfindest, wenn du Pferdegespräche übst, dann erinnere den Menschen daran, dass du ihm nicht weiterhelfen kannst. Dass es dafür Profis gibt und du diese Arbeit noch nicht leisten kannst. Du darfst

ACHTUNG!

Wir alle wollen helfen, und es passiert schnell, dass man sich zu Rat gebenden Aussagen hinreißen lässt, selbst wenn man noch am Anfang mit dieser Arbeit steht. Vermeide das unbedingt! Ganz egal, was für ein Experte du bist. Ob du ein großartiger Pferdetrainer, ein Hufspezialist, ein Fütterungsexperte oder sonst etwas bist. Vermeide es unbedingt, die Aussagen der Pferde zu interpretieren und deine Meinung dazu kundzutun. Im Rahmen des Pferdegesprächs ist dies ausdrücklich nicht dein Job. Hier hat das Pferd endlich mal die Möglichkeit, sich außerhalb der menschengemachten Meinungen und außerhalb des vermeintlichen Expertenwissens mitzuteilen.

In deinen Übungsgesprächen geht es nur darum, was das Pferd sagt. Es geht für dich erst einmal nicht darum, was der Mensch daraus macht oder wie du die Aussagen interpretierst. Du tust dir einen großen Gefallen, wenn du deinen eigenen Wissens- und Erfahrungspool nicht versehentlich als Füllmaterial nutzt. Denn dann bleibt mehr Gesprächsplatz für die tatsächlichen Aussagen der wahren Experten – die der Pferde.

diesen Menschen guten Gewissens an jemanden weiterleiten, der gelernter Tierkommunikator ist.
Wie du mit dem menschlichen Gesprächspartner in professionellen Pferdegesprächen umgehst, das lernst du ausführlich in einer Ausbildung bei mir.

ES EINFACH MACHEN

Wenn meine Auszubildenden nach dem ersten Modul ihrer Ausbildung in Tierkommunikation wissen, wie man mit Tieren spricht, und dann ihre Übungsgespräche beginnen, sammeln sie ihre ersten Erfahrungen. Manche sind hochmotiviert und bekommen gar nicht genug davon, mit Pferden und anderen Tieren zu sprechen. Andere sind eher gebremst und finden immer neue Gründe, warum sie nicht wirklich üben können. Diese Ausreden des Egos sind in meinen Augen das einzig relevante Problem eines Anfängers in Tierkommunikation.
Unser Ego hat einen wichtigen Job, wenn es uns etwas ausreden möchte. Es möchte uns schützen. Vielleicht vor Fehlschlägen, vor Enttäuschungen oder vor potenziellen unbekannten Gefahren, wenn wir etwas Neues probieren. Das ist teilweise eine hilfreiche Funktion. Dennoch ist sie in diesem Fall eher hinderlich.
Meine jahrelange Erfahrung in tausenden Tiergesprächen und hunderten Kursen besagt, dass wirklich jeder in fast jedem Zustand so gut wie immer telepathischen Kontakt zu anderen Wesen aufnehmen kann. Tiergespräche funktionieren, wenn man krank ist, wenn man Liebeskummer hat, wenn man gestresst ist, wenn man hungrig ist. Sie funktionieren, wenn man traurig ist, vorher abgelenkt war, sich unwohl fühlt oder wenn man zweifelt. Sie funktionieren auch außerhalb des Lieblingssessels, sie funktionieren sogar, wenn man betrunken ist. Sie funktionieren, wenn man gerade einen Streit hatte oder wenn man Migräne hat.
Selbstverständlich rate ich nicht dazu, in jedem dieser Zustände auch ein Pferdegespräch zu führen, jedoch ist wichtig, zu verstehen, dass es nicht eine Reihe von eingebildeten Voraussetzungen geben muss, die glücklich im richtigen Mondphasenmoment aufeinandertreffen, um mit Tieren zu sprechen. Es braucht auch

Es braucht immer nur eine Entscheidung, um mit Pferden telepathisch Kontakt aufzunehmen – deine.

nicht immer denselben Sessel oder eine Kerze, um sich einzustimmen. Es geht wirklich einfach so. Augen schließen, erden, ans Pferd denken. Los geht's.

In meinen Kursen rate ich Schülern, die sich einen Grund suchen, warum sie das jetzt nicht können, sich vorzustellen, dass es eine kleine Version von ihnen selbst gibt, die gerade neben ihnen steht. Dieses kleine Ich bringt all diese guten Gründe hervor, das Pferdegespräch jetzt nicht führen zu können. Das ist das Ego. Bei manchen ist es besonders laut, hört sich echt an und ist sehr überzeugend. Die Vorstellung, dass es kleiner ist als man selbst und argumentierend neben einem steht, macht es etwas weniger überzeugend. Man darf diesem kleinen Ego dann gern gedanklich behutsam den Kopf tätscheln und ihm sagen: »Vielen Dank, liebes Ego, dass du mich schützen möchtest. Ich verstehe deine Einwände. Ich entscheide jetzt für mich, dass ich es dennoch versuchen möchte. Ich mache es einfach trotzdem.« Siehe auch auf S. 16 den Abschnitt »So einfach ist es«.

Einfach machen! Das ist mein Lieblingsratschlag, auch wenn er sich profan anhört. Was soll schon passieren? Im schlimmsten Fall sind die Ergebnisse für dich nicht überzeugend. Dann versuchst du es halt nochmal. Du hast nichts zu verlieren, wenn du versuchst, mit Pferden wirklich zu sprechen. Dafür gibt es wirklich sehr viel zu gewinnen! Es liegt an dir, ob du dir die Zeit und den Raum nimmst, um deine Pferdegespräche zu führen. Traue keiner deiner Ausreden, sie sind nicht real. Wirklich keine davon.

DIE NEUE REALITÄT

Nach den ersten Erfahrungen in Tierkommunikation und nach den ersten Erlebnissen mit den Pferden, die man spricht, tun sich in den Köpfen der meisten Menschen ein paar Folgefragen auf. Sie haben die Tür zu einer neuen Realität geöffnet, in welcher Telepathie funktioniert. Manche stehen dann noch mit der Türklinke in der Hand im neuen Raum und brauchen einen Moment, um sich mit diesem Fakt in ihrer neuen Welt zurechtzufinden. Andere denken direkt weiter und brauchen Antworten, um die neue Realität verarbeiten zu können.

In diesem Kapitel möchte ich ein paar Fragen beantworten, die mir im Laufe der Jahre immer wieder von Anfängern gestellt wurden.

Geht das auch mit Menschen?

Ja, Telepathie funktioniert genauso mit Menschen. Wir Menschen sind auch Tiere: Säugetiere, um genau zu sein. Die Idee, wir wären die Krone der Schöpfung und würden irgendwie über den Tieren stehen, kann ich nicht teilen, seitdem ich mit Tieren spreche. Dass wir diese Idee hegen, liegt wohl daran, dass wir verlernt haben, bewusst empathisch mit anderen Wesen verbunden zu sein. Wir sehen alles nur aus sehr menschlicher Sicht, selbst die Wissenschaft hat eine sehr menschliche Vorgehensweise, wenn es darum geht, das »Tierreich« zu erforschen. Der menschliche Tunnelblick schafft eine gewisse Abnabelung von der Natur, weshalb wir uns als anders wahrnehmen. Dabei führen Affen und

Ameisen genauso Kriege wie wir. Delfine geben sich Namen, Tiere verstehen komplexe Gedankengänge und haben dieselben Emotionen wie wir. Jede Spezies hat bloß einen anderen Körper und lebt deshalb in einer etwas anderen Welt mit anderen Prioritäten und anderen Instinkten. So wie es für genau diese Spezies richtig ist.

> *Telepathie mit Menschen nennt sich manchmal »Channeln«, manchmal »Hellsehen« oder »Auralesen«. Menschen, die Telepathie für andere Menschen anbieten, nennen sich beispielsweise »Medium«, »Channel«, »Hellseher«, »Heiler« oder »Schamane«.*

Ich selbst biete keine telepathischen Gespräche für Menschen an. Das ist eine bewusste, persönliche Entscheidung. Ausprobiert habe ich es aber schon. Meine Gespräche mit ungeborenen und geborenen Babys, Kleinkindern, Demenzkranken, Komapatienten und verstorbenen Menschen waren sehr hilfreich und erfüllend.

Geht das auch mit Toten?

Ja. Wie eben erwähnt kann man auch mit Verstorbenen sprechen. Verstorbene Pferde und andere Tiere spreche ich gern, denn das Thema Tod ist weniger schrecklich und zehrend, als manch einer vermutet. Pferdegespräche mit verstorbenen Pferden und anderen Tieren helfen den Besitzern oft sehr gut, um Trost zu finden und Frieden damit zu machen, was passiert ist. Was es bedeutet, mit verstorbenen Pferden zu sprechen, darüber handelt unter anderem mein drittes, also hierauf folgendes Buch.

Empfange ich nur Dinge, die ich kenne?

Nein. Manche Anfänger meinen, dass nur das, was ich kenne, also was ich schon einmal gedacht, gesehen, erfahren habe, auch für mich verständlich sein kann und somit ausschließlich als Informationen in Pferdegesprächen herüberkommen kann. Das ist nicht wahr. Wenn man versteht, dass Telepathie, also Gedankenübertragung, tatsächlich funktioniert, dann darf man schlussfolgern, dass ich unbewusst oder bewusst auch Gedanken anderer Menschen und Wesen empfange und denke. Das Ganze auch noch jeden Tag, im Alltag, vielleicht bei der Arbeit oder im Supermarkt. Wir sind gedanklich immer beeinflusst von unserer Umwelt, von dem Gedanken- und Energiefeld des Landes, des Ortes, der Gemeinschaft, der Geschichte oder der Familie, in der wir leben. Dabei verschwimmt irgendwann die Definition dessen, was ich mir in meinem stillen Kämmerlein denke oder ausdenke und was von anderen kommt. Ich habe also schon oft Gedanken gedacht, die mir eigentlich nicht bekannt waren und die nicht aus mir entsprungen sind.
Es kann also sein, dass mir ein Pferd eine Botschaft übermittelt, die Informationen enthält, die ich noch nie gehört oder ge-

Wir sind speziesübergreifend miteinander verbunden und tauschen Gedanken, bewusst und unbewusst, untereinander aus.

sehen oder verstanden habe. Ich gebe diese Information dann genauso wieder, wie sie sich mir zeigt.

Soll ich interpretieren, was ich empfange?

Nein. Der Versuch, die Antworten der Pferde zu interpretieren, ist ein typisches Anfängerphänomen von Menschen, die es gern richtig machen wollen. Ein verständlicher Vorgang, möchte man doch möglichst gut weitergeben, was das Pferd sagt. Außerdem möchte man vermeiden, etwas nicht oder falsch zu verstehen, also vervollständigt man die Information nach bestem Wissen. Am Ende passiert dabei aber genau das, was man vermeiden möchte.

Ein Pferd, welches mir nur zeigt, dass es stoisch immer im Kreis läuft und ihm davon schwindelig wird, kann mir vielleicht nicht genau zeigen, ob es das im Roundpen, an der Longe, in der Longierhalle oder in der Führanlage tut. Würde ich nun interpretieren, »Das Pferd geht oft in der Führanlage«, wäre das eine falsche Aussage und die eigentliche Botschaft des Pferdes, nämlich dass es nicht im Kreis laufen mag, kommt dabei gar nicht mehr beim Menschen an. Richtig wäre gewesen, einfach genauso auszusprechen, was ich empfange: »Das Pferd zeigt mir, dass es oft im Kreis läuft und ihm dabei schwindelig wird.« Der Mensch wird dann wissen, ob es longieren meint oder etwas anderes. Falls er mit der Information so nichts anfangen kann, frage ich beim Pferd nach, ob es mir mehr dazu sagen kann.

Wie unterscheide ich meine eigenen Gedanken von denen der Pferde?

Wie schon beschrieben, dürfen wir erst einmal verstehen, dass Telepathie ständig passiert. Nonverbaler Gedankenaustausch über Distanz ist einer unserer natürlichen Sinne, der, unbewusst oder bewusst, einen großen Teil unserer Gedankenwelt ausmacht. Umso wichtiger ist es, dass wir bewusster auswählen, mit wem und was wir uns umgeben, denn die energetischen Einflüsse von außen haben immer direkten Einfluss auf unser Denken und somit unser Wohlbefinden.

Wenn ich mit einem Pferd spreche, dann tue ich das in einer professionellen Haltung, welche bedingt, dass ich möglichst wenig meiner privaten Persönlichkeit und meiner privaten Gedanken und generell keine Urteile oder Vorgaben mit ins

Meine Pferde und ich teilen uns eine Seelenschnittmenge, in der unsere Gedanken zu uns allen gehören.

Pferdegespräch bringe. So ist sichergestellt, dass die Aussagen des Pferdes weitestgehend unbeeinflusst von mir als seinem Gesprächspartner bleiben. Ein kleiner Prozentsatz bleibt dennoch beeinflusst davon, dass wir, zumindest in diesem Moment, einen Gedankenorbit teilen. Allein schon, weil der dazugehörige Mensch mit mir als potenzieller Hilfestellerin resoniert und sich zu diesem Gespräch zu dritt entschieden hat. Das ist gut so und gehört so.

Als Anfänger betreibt man Pferdegespräche in einer eher freundschaftlichen Haltung. Man fühlt auf persönlicher Ebene mit oder lässt sich eher von dem beeinflussen oder geht in Resonanz mit dem, was besprochen wird. Somit geht man direkt in einen recht eindrücklichen Gedankenaustausch. Die Frage »Was davon bin ich und was ist das Pferd?« löst sich mit etwas Erfahrung in Telepathie auf, denn diese klare Einteilung gibt es nicht. Ganz besonders dann nicht, wenn man zusammengehört. Je mehr ich mit einem Wesen verbunden bin, je näher es mir ist, emotional oder körperlich, umso mehr Gedanken teilen wir. Das gesamte Leben verbindet sich dann noch darüber hinaus, dass man bewusst Gedanken in einem Gespräch austauscht. Darüber habe ich in meinem ersten Buch im Kapitel »Die Seelenschnittmenge« bereits berichtet und auch mein Folgebuch wird sich damit vermehrt befassen.

Wenn ich mit einem völlig fremden Pferd in Anfängerhaltung spreche, gibt es auch einen großen Konsens. Das Pferd geht auf meine, vielleicht unbewusst, ins Gespräch eingebrachten Gedanken ein. Je professioneller ich arbeite, umso weniger selbst initiierte Gedanken bringe ich ein und umso mehr Gesprächsraum wird vom Pferd selbst gefüllt. Wie bei einem guten Therapeuten, der dir die Chance gibt, die Therapiestunde für dich zu nutzen.

Wenn du dich also als Anfänger dabei ertappst, zu denken: »Das habe ich mir doch ausgedacht oder kam das wirklich vom Pferd?«, dann erinnere dich: Ausgedacht gibt es nicht. Nimm einfach an, was das Pferd dir sagt. Es hat seinen Sinn, dass ihr das Pferdegespräch führt, und die Inhalte möchten übermittelt werden.

Brauche ich ruhige Gedanken, um Pferdegespräche zu führen?

Nein. Du musst nicht gut in Meditation sein, brauchst keine Gedankenleere zu praktizieren und erst recht brauchst du kein aufgestiegener Meister oder sonderlich erleuchtet zu sein, um Tierkommunikation gut betreiben zu können. Natürlich ist es sinnvoll, seine Gedanken etwas zu beruhigen, damit sie nicht mit einem durchgehen, wenn man sich auf ein Pferdegespräch einlassen möchte. Aber dasselbe gilt auch für jedes verbale Gespräch mit Menschen oder wenn ich generell zuhören und verstehen möchte.

Es ist in Ordnung, deine ersten Pferde- oder Tiergespräche aufgeregt, mit klopfendem Herzen und voller »Störgedanken« zu führen, die dir den Eindruck geben, du wärst nicht genug bei der Sache. Denke daran, deiner kleinen Ego-Version den Kopf zu tätscheln und zu sagen:

»Ich mache es trotzdem.« Du wirst gedanklich ruhiger werden, wenn du einfach weiterübst.

Wenn ich einem Pferd sage, es soll seinen Reiter abwerfen, tut es das dann?

Höchstwahrscheinlich nicht, es sei denn, das Pferd hegt diesen heimlichen Wunsch selbst schon lange. Tierkommunikation ist eine Gesprächsform, aber keine Manipulation. Gespräche können Wunder bewirken, weil man Verständnis schafft und gegenseitiges Verständnis generell etwas ist, das uns alle beflügelt und bei Veränderungen unterstützt. Besprochene Dinge, die der Gesprächspartner aber so nicht machen möchte oder nicht für sinnvoll erachtet, werden auch nicht passieren.
Dazu gehört außerdem noch der Fakt, dass Telepathie am besten funktioniert, wenn sie auf vertrauensvoller, liebevoller Basis betrieben wird. Zu viel Druck, negative Intentionen und Falschheit machen diese feinstoffliche Verbindung kaputt.

Wieso denken Pferde so komplex wie wir?

Gegenfrage: Wieso nicht? Wem klar wird, dass Menschen eben nicht die Krone der Schöpfung sind, sondern Säugetiere in einer gewissen Nische, der versteht auch, dass unser Denken nicht so besonders ist, auch nicht sonderlich komplex. Wie leicht sich unser Denken sogar beeinflussen lässt, das wissen alle App-Programmierer, alle Politiker und alle Psychologen. Auch alle Schneeballsystem-Betreiber.

Für alle Tiere ergibt es Sinn, schlussfolgern zu können, mitzudenken, seine Umwelt und deren Vorgänge genau zu verstehen. Natürlich ist das sinnvoll! Ein hochsoziales Wesen wie ein Pferd hat viel davon, wenn es nachvollziehen kann, wie jedes Individuum seiner Herde tickt, die menschlichen Individuen miteinbezogen. Sich dann darauf einstellen zu können und auch zu verstehen, wie die Abläufe des Tages, seiner Natur, der Umgebung im Allgemeinen sind, ist einfach nur natürlich. Wenn man ein Pferd in eine menschliche Umgebung presst, die uns entspricht (»Zuhause sein« in einer begrenzten Umgebung auf recht kleinem Raum in einer nicht homogenen Herde, anstatt in einer funktionierenden Familienherde flüchten zu können auf riesigem Territorium), dann stehen ihnen ihre Instinkte und pferdischen Bedürfnisse manchmal im Weg, um sich zufrieden anpassen zu können. Das liegt nicht daran, dass sie dümmer wären als wir. Sondern einfach nur daran, dass diese Umgebung weniger ihrer Natur entspricht, es ihnen ferner liegt und deshalb schwieriger für sie ist.

Wieso kann ein Pferd dann nicht einfach machen, was ich sage?

Ein Pferd ist ein Pferd. Es hat einen pferdischen Körper, der ihm eine gewisse Nische in dieser Welt besetzt, in der es lebt. Es hat aus dieser Nische heraus gewisse Sicht- und Verhaltensweisen, die für ein Pferd zum Überleben wichtig sind. Das Pferd als Fluchttier hat beispielsweise einen sehr gut ausgeprägten Fluchtreflex, weil dies als Beutetier viel Sinn

Milan wurde zu oft gezwungen, den Befehlen von Menschen zu folgen. Das hat ihn traurig gemacht.

macht. Ein Pferd reagiert also in einigen Bereichen anders auf Dinge als ein Mensch. Unser menschlicher Fluchtreflex ist nicht sonderlich stark ausgeprägt, also empfinden wir eine flatternde Tüte als unbedrohlich. Wir benutzen Tüten, kennen ihren Sinn, weil er nützlich für uns ist, und haben selbst dafür gesorgt, dass Tüten in der Natur herumfliegen. Ein Pferd beschäftigt sich nicht so sehr damit, dass herumfliegende Tüten in der Natur folgerichtig sind, denn in seiner Welt ist das nicht so. Es benutzt keine Tüten und kennt sie höchstens als Teil des menschlichen Kontingents an toten Dingen, die dieser mit sich herumschleppt. Dass eine Tüte scheinbar von selbst (im Wind) zum Leben erwacht und vom Menschen unabhängig agiert, herumfliegt und flattert, ist für ein Pferd also ein ernsthaftes Anzeichen, sich zu fürchten. Manchmal überwindet es seinen Instinkt selbst dann nicht, wenn es eigentlich schon weiß, dass diese Tüte ihm nichts tun wird.

Ist ein Pferd wegen ganz anderer Dinge sowieso schon gestresst, dann ist eine flatternde Tüte manchmal einfach der Tropfen, der das Fass zum Überlaufen bringt. Es ist gut, sich weniger über sein Pferd lustig zu machen, wenn es mal wieder »Geister sieht«, sondern zu überlegen, wieso ihm dieser vielleicht längst bekannte Umweltreiz ausgerechnet heute zu viel ist. Vermutlich war es auch an anderer Stelle in letzter Zeit zu viel.

Fairerweise sind wir Menschen diesbezüglich nicht viel besser. Auch ich reagiere im gestressten Zustand irrationaler auf Unvorhergesehenes. Menschen machen, genau wie Pferde, am besten und einfachsten die Dinge, die wir als sinnvoll und befriedigend erachten. Auch wir Menschen haben manchmal irrationale Ängste und Verhaltensweisen bezogen auf Dinge oder Vorkommnisse, die, obwohl wir fähig sein müssten, sie rational zu betrachten, so gar keinen Sinn mehr ergeben. Nur weil mir jemand sagt, dass ich wirklich keine Chips mehr essen sollte, halte ich mich noch lange nicht daran. Obwohl ich so genau weiß, warum sie mir nicht guttun.

Gespräche mit vermissten Tieren sind für die meisten Tierkommunikatoren schwierig.

Geht das auch mit vermissten Tieren?

Ja, das Sprechen mit vermissten Tieren ist möglich. Viele Tierkommunikatoren bieten diese Arbeit auch an, die meisten lassen sie irgendwann wieder weg. Mit vermissten Tieren zu sprechen bedeutet, unter erschwerten Bedingungen zu arbeiten. Ein vermisstes Tier ist entweder entlaufen und hat dementsprechend wenig Lust, mit jemandem zu reden, der im Auftrag seines Besitzers spricht, von dem es gerade weggegangen ist. Oder es ist verlorengegangen und ist deshalb nicht wieder nach Hause zurückgekehrt, weil es den Weg selbst nicht kennt. Es ist selbst verwirrt und wird eventuell auch nur verwirrende Informationen aussagen können. Dann kann eine Kontaktaufnahme im Zweifelsfall nichts ausrichten und stiftet nur noch mehr Verwirrung. Oder aber das Tier wurde geklaut oder sitzt fest und kann vielleicht mehr, vielleicht weniger hilfreiche Informationen liefern, wo es nun ist und was ihm blüht. Ob sich daran deshalb etwas ändern lässt, ist fraglich.

Es kann auch sein, dass die von verwirrten, vermissten Tieren empfangenen In-

formationen nicht unbedingt ganz aktuell sind und dies nicht deutlich wird, die Situation also vielleicht mittlerweile schon wieder anders ist.
Für mich als Tierkommunikatorin sind Gespräche mit vermissten Tieren also sehr belastend und noch anstrengender als normale Gespräche. Ich müsste dementsprechend mehr berechnen, obwohl ich von einem so verzweifelten Menschen, der selbst nichts für sein Tier tun kann und alle Hoffnung in mich legt, nicht noch große Summen verlangen möchte.
Das ausschlaggebende Argument, um für mich entschieden zu haben, dass ich keine Vermisstengespräche anbiete, ist der Fakt, dass ich nie mit ganzer Sicherheit sagen kann, ob ein vermisstes Tier noch lebt oder nicht. Der Tod ist ein komplexes Thema. Man kann auch gut mit verstorbenen Tieren sprechen, und manchen ist in einigen Fällen nicht ganz klar, dass sie ihren Körper bereits verlassen haben. Andere fühlen sich schon leblos, wenn sie physisch aber noch anwesend sind. Dass ich diese wichtigste Frage für einen zurückbleibenden Menschen nicht beantworten kann, macht diese Arbeit für mich auf allen Ebenen unbefriedigend. Es ist eine ganz persönliche Entscheidung von mir, diese Arbeit nicht mehr anzubieten.
Möglich ist sie dennoch und auch ich habe viele schöne Erlebnisse damit gehabt, wenn Minuten nach den Gesprächen die vermissten Tiere wieder auftauchten. Auch ich würde sofort eine befreundete Kollegin bitten, mein Tier zu sprechen, wenn es verschwindet.

Für Anfänger ist diese Arbeit aus oben genannten Gründen ungeeignet. Selbst wenn sie damit schon etwas bewegen würden, wäre die große Belastung dahinter eine Überforderung in der anfänglichen Lernphase.

Wieso können mehrere Menschen gleichzeitig mit einem Pferd sprechen?

Die Ausbildung zum Pferdeflüsterer, also zum Tierkommunikator mit Fachrichtung Pferd, beginnt damit, dass meine Schüler an zwei Tagen hintereinander möglichst viele Pferde sprechen. Sie tun das alle gleichzeitig, damit wir die Ergebnisse hinterher vergleichen können und sie durch die Übereinstimmungen und das Feedback der Pferdebesitzer lernen, dass sie es können.
Die Frage, wieso und ob das für die Pferde machbar ist, wird fast immer gestellt. Für ein Pferd ist der Moment, wenn neun Menschen gleichzeitig telepathischen Kontakt zu ihm aufnehmen, nicht so, als würden mir neun Menschen verbal ins Ohr quatschen. Die Definition von Raum und Zeit ist eine andere, wenn es um Telepathie geht. Wäre ich Quantenphysikerin, könnte ich das vermutlich besser erklären. So kann ich nur sagen, dass jedes Pferd einen hundertprozentigen Gesprächsraum mit jedem einzelnen Teilnehmer besetzt, obwohl alle gleichzeitig mit ihm sprechen. Es teilt sich nicht gedanklich dabei auf oder springt von einem zum anderen. Das alles geschieht ohne Anstrengung, sondern von selbst. Man braucht sich darüber also keine Sorgen zu machen.

Wenn ich mit einem Pferd spreche, spürt es das in diesem Moment, also spreche ich mit ihm wirklich in diesem zeitlichen Moment?
Obwohl sich diese Antwort gewissermaßen mit der Antwort auf die vorherige Frage widerspricht, lautet sie: »Ja.« Das Pferd antwortet dir aus seiner momentanen Lebenssituation heraus und berichtet aus seiner Sichtweise von heute und jetzt. Das Gespräch findet nicht in einer Überdimension statt, sondern wirklich in dem Moment, in dem man es führt.

Können Pferde in jeder Lebenslage telepathisch mit uns sprechen?
Theoretisch ja. Pferde können reitend, laufend, dösend oder fressend mit uns sprechen. Es ist auch keine sonderlich große Herausforderung für die meisten Pferde, während einer kopflastigen Aktivität mit uns zu sprechen. In Einzelfällen kann es aber vorkommen, dass ein Pferd bevorzugt, gesprochen zu werden, wenn es nicht gerade seine Ruhe haben möchte. Dies geschieht seltener als viele Anfänger oder nicht professionelle Tierkommunikatoren meinen. Sagt ein Pferd zu jemandem »Jetzt nicht«, dann liegt dies in den meisten Fällen eher daran, dass der Gesprächsuchende keine professionelle Haltung mitbringt. Damit macht er es dem Pferd also nicht so angenehm und einfach wie möglich, mit ihm zu sprechen. Ein vorgeschobener Grund, nicht sprechen zu können, ist dann oftmals ein Ausweichmanöver vom Pferd, um das Gespräch mit dem nicht optimal präsenten Menschen zu vermeiden.

Können Pferde lügen?
Theoretisch ja. In der Praxis kommt dies so gut wie nie vor, weil die telepathische Gesprächsweise viel weniger invasiv ist als die verbale. Sie »müssen« also gar nicht lügen, weil sie nicht zur Rede gestellt werden. Die Definition einer Lüge ist außerdem aus menschlicher Sicht sehr urteilsbehaftet. So wenig, wie es die Unterscheidung von eigenen und fremden Gedanken gibt, so wenig gibt es die Unterscheidung »Lüge oder Wahrheit«. Es hat seinen Sinn, wie und was ein Pferd antwortet. Egal, ob das aus menschlicher »Schwarz / Weiß – Sicht« eine Lüge oder die Wahrheit ist. Das Urteil darüber kann man sich sparen.

Was muss ich beachten, wenn ich mit anderen Tieren spreche?
Du kannst alles, was hier über Sprechen mit Pferden geschrieben steht, auch auf andere Tiere anwenden. Nicht nur Pferde denken komplex, alle Tiere tun es. Es macht keinen Unterschied, ob ich mit einer Ameise oder einem Pferd spreche, wir können uns in einem komplexen Gespräch austauschen. Unser Kopf, besser gesagt unser Geist, übersetzt immer so, dass wir uns verstehen können.
Die Größe des Gehirns hat nichts damit zu tun, wie gut ein Wesen dazu in der Lage ist, zu kommunizieren. Die Wissenschaft kommt selbst langsam dahinter. Unser Nervensystem und andere Organe speichern Erinnerungen und definieren unsere Denkfähigkeit. Es gibt Menschen, die Organe von anderen implantiert bekommen haben und nun mit den Erinne-

Du kannst mit allen Tieren sprechen. Ihre Fähigkeit, mit uns zu kommunizieren, hängt nicht von körperlichen Faktoren ab.

rungen oder Persönlichkeitsmerkmalen ihres Spenders leben. Und es gibt Menschen, die auch noch denken und wahrnehmen konnten, als sie kurzzeitig tot waren und dann wiederbelebt wurden. Lies mal das Buch »Endloses Bewusstsein« vom Herzchirurgen Pim van Lommel. Mir hat dieses Buch geholfen, zu verstehen, dass unser Bewusstsein tatsächlich gehirnunabhängig besteht.

Dazu ist die Einteilung nach »Intelligenz« ein in meinen Augen längst überholtes Prinzip. Für jede Spezies gelten andere Regeln, andere Sinne stehen im Vordergrund und es ist nahezu idiotisch von uns Menschen, andere Tiere über unsere Regeln zu definieren. Allein die Idee, nur solchen Tieren ein Ich-Bewusstsein zuzugestehen, die sich im Spiegel erkennen können, ist absurd. Wieso sollte sich ein Fisch im Spiegel überhaupt erkennen wollen, wenn er doch davon lebt, gut getarnt und im Einheitsbild seines Schwarmes optisch unterzugehen? Es gibt übrigens trotzdem Fische, die sich im Spiegel erkennen. Auch welche mit Humor und solche, die ihren Namen erinnern, den ihnen ihr Besitzer mal gegeben haben. Ein

Suche nicht nach Beweisen, lasse die Pferde einfach sprechen. Dann kommen die Beweise von selbst.

sehr alter Karpfen aus dem Gartenteich einer Kursteilnehmerin verriet einer anderen Teilnehmerin seinen Namen: Fridolin. Als die Teilnehmerin sagte, sie habe diesen Namen vom Fisch empfangen, leuchteten die Augen der Besitzerin auf: Ihr längst verstorbener Vater, der vorher in dem Haus mit diesem Teich lebte, nannte den großen der beiden dort lebenden Karpfen immer Fridolin, wenn er ihn fütterte. Das war jener, mit dem wir sprachen. Die Besitzerin selbst nannte ihn schon lange nicht mehr so und hatte diesen Namen bereits vergessen gehabt.

Kann ich Beweisfragen stellen?

Manche Menschen möchten ihrem zweifelnden Anteil gern beweisen können, dass die Tierkommunikation wirklich funktioniert. Die Idee ist dann, einem Pferd oder einem anderen Tier einfach ein paar »Beweisfragen« zu stellen. Also eine Frage, deren Beantwortung beweisen müsste, dass man tatsächlich miteinander spricht. So etwas wie: »Was sieht mein Pferd, wenn es aus seiner Box schaut?«, oder: »Trägt es derzeit Hufeisen?«, oder: Ähnliches. So gut ich die Intention dahinter verstehen kann, die Tierkommunikation greifbarer und annehmbarer zu machen, so wenig nützt doch dieser Vorgang. Auch ich wollte sie anfangs gern »festnageln«, um sie auch dem letzten Zweifler näherbringen zu können, denn auch ich war anfangs skeptisch. Aber das ist nicht möglich.

Wie schon beschrieben, funktioniert Telepathie am besten, wenn man sie in liebevoller, neutraler, vertrauensvoller Weise betreibt. Je mehr Druck, negative Intention oder Starre man in ein Pferdegespräch mitbringt, umso weniger gut wird es funktionieren. Das liegt einerseits vermutlich an der Natur der Sache »Telepathie« und ließe sich quantenwissenschaftlich erklären (es gibt eine Theorie, die besagt: Das Versuchsergebnis verändert sich unter Beobachtung). Andererseits verleiten solche Intentionen den tierischen Gesprächspartner auch nicht gerade dazu, sich zu öffnen.

Fragen, die nicht wirklich aus Interesse an dem Leben des Pferdes gestellt werden, sind für das Pferd merkwürdig und viele zögern, sie zu beantworten. Beweisfragen bringen keinen Nutzen für echtes Verständnis zwischen Pferd und Mensch, sie werden ausschließlich zur Befriedigung des Egos des Menschen im Gespräch gestellt. Damit können viele Pferde und andere Tiere nichts anfangen und somit sind die Antworten darauf dann auch nicht immer der ultimative Beweis, dass Tierkommunikation funktioniert. In manchen Fällen bringen sie aber das erhoffte Ergebnis.

Da ich in professionellen Pferdegesprächen einen möglichst guten Gesprächsraum für das Pferd schaffen möchte, schließe ich Beweisfragen komplett aus. Dennoch erhalten fast alle Kunden ihren eigenen, ultimativen Beweis. Meist kommt dieser ganz beiläufig daher und berührt den Besitzer dann besonders. Dass wir im Pferdegespräch herzhaft lachen oder der Mensch auch etwas weint, ist völlig normal und passiert oft. Das erste Gespräch mit dem eigenen Pferd berührt immer.

WIESO BEWEISFRAGEN SELTEN ZUM ZIEL FÜHREN

Stell' dir mal vor, du hättest ein Kind, welches Hilfe braucht. Du selbst kannst ihm nicht helfen, also beauftragst du einen Therapeuten, der mit ihm spricht. Weil du skeptisch bist, ob der Therapeut gute Arbeit leistet und überhaupt mit deinem sehr introvertierten Kind sprechen kann, verlangst du Beweise. Der Therapeut hat also seine erste Stunde mit dem Kind und sagt: »So, nun erzähle mir mal bitte etwas, das deinen Eltern beweist, dass wir miteinander sprechen. Was siehst du, wenn du aus deinem Kinderzimmerfenster siehst?«

Wäre das förderlich für den Aufbau eines vertrauensvollen Gesprächsraumes zwischen Kind und Therapeuten? Würde ein professioneller Therapeut so etwas machen? Wie würde sich das Kind fühlen, wenn gleich zu Beginn Zweifel an seiner Mitteilungsfähigkeit, auch noch von Seiten seiner Eltern, aufkämen?

Die Antworten hierauf darfst du dir selbst geben. Der Vergleich zwischen Kind und Pferd mag hinken, dennoch verstehst du, was gemeint ist. Beweisfragen haben in professionellen Pferdegesprächen keinen Platz, weil sie das Gespräch negativ beeinflussen.

Schlusswort

DU HAST EINEN AUFTRAG

Ob du nach dem Lesen dieses Buches bereits die Tür zu deiner neuen Realität geöffnet hast (vielleicht hattest du das ja vorher schon getan), schon hindurch geschritten bist oder ob du noch davorstehst und überlegst, ob dies eine gute Tür für dich ist, ich möchte dir zum Abschluss noch etwas sagen.

Vergiss nicht, dass höchstwahrscheinlich sehr wenige Menschen nur mit einem guten Buch gelernt haben, Auto zu fahren, Klavier zu spielen oder zu reiten. Es gehört eine Portion Mut dazu, die Theorie anzuwenden und seine Erfahrungen zu machen, immer wieder und wieder. Bis jemand angstfrei Auto fährt, eine schöne Melodie flüssig spielen kann oder im Galopp auf seinem Pferd durch den Wald prescht, braucht es einfach Zeit und Übung. Genauso ist es auch mit einem guten Pferdegespräch.

Als ich damals erfuhr, dass es Tierkommunikation gibt, hatte ich ein Anfängerbuch einer renommierten Tierkommunikatorin gelesen und war danach noch verwirrter als vorher. Das Buch war mir zu abgehoben. Erst mit dem Besuchen eines Kurses dämmerte mir langsam, dass es Telepathie mit Tieren wirklich gibt und ich sie anscheinend auch noch ganz gut kann. Ich habe dann immer mehr Bücher darüber gelesen und bald festgestellt, dass sie sich teilweise widersprechen. Egal, was dir andere erzählen wollen: Es gibt wirklich keine Regeln außer denen,

Sei geduldig und gehe deinen eigenen Weg.

MERLIN, DER ZAUBERER

Mein allererstes, in Ansätzen versuchtes Tiergespräch fand mit meinem Hund Merlin nach dem Lesen eines Buches über Tierkommunikation statt. Merlin war ein ganz besonderer Hund mit einer turbulenten Geschichte und vielen Vorbesitzern. Nachdem ich eine Tierkommunikatorin mit ihm hatte sprechen lassen, wollte ich es selbst einmal versuchen. Ich las von einer (aus heutiger Sicht etwas merkwürdigen) Übung, bei der man sich ein Objekt an einem Platz vorstellen sollte, welches eine Reaktion des Tieres hervorrufen würde. Die Übung sollte einem zeigen, dass die eigene Vorstellungskraft genügen würde, um das Tier reagieren zu lassen. Ich saß also auf meinem Bett, mein Hund Merlin schlief eingerollt auf dem Boden davor. Mein Bett war bodentief, mein Nachttisch war demnach auch nicht sonderlich hoch. Ich stellte mir also seinen Lieblingssnack vor und wie dieser auf dem Nachttisch liegen würde. Sekundenbruchteile danach öffnete Merlin die Augen, streckte seine Schnauze zum Nachttisch hoch und schnüffelte über den Rand, um zu prüfen, wo der Snack sei, den ich ihm gedanklich dort visualisiert hatte.

Ich würde heute keinem Tier mehr etwas visualisieren, nur um eine Reaktion zu ertesten, aber den Moment habe ich dennoch nie vergessen.

Merlin lebt heute nicht mehr. Er hat mir die Tierkommunikation beigebracht. Nach seinem Tod ist er mir immer wieder in meinen Träumen erschienen, in denen wir uns jedes Mal gefreut haben, uns wiederzusehen. Manchmal habe ich ausgedehnte Waldspaziergänge mit ihm geträumt, die wir einfach nur genossen haben. Heute träume ich nur noch sehr selten von ihm, aber er ist jeden Tag bei mir, wenn ich mit meinen Pferden über den Strand laufe.

Los geht's in deine neue Zukunft, in echter Verbundenheit mit deinem Pferd und allen Tieren, die du sprichst.

die du dir selbst dabei aufstellst. Ob du mit einem Foto arbeiten möchtest oder mit einem Schweifhaar. Ob du dich vorher eine Viertelstunde auf den Kopf stellst (das stand tatsächlich als wichtige Maßnahme in einem der Bücher …) oder ob du meinst, nie wieder Kaffee oder Zucker oder Fleisch konsumieren zu dürfen, um mit Tieren sprechen zu können. Die Regel gilt immer nur für dich selbst. Jeder darf, kann und sollte seinen ganz individuellen Weg mit der Tierkommunikation finden. Du kannst nichts falsch machen, Tierkommunikation ist und bleibt nur ein Gespräch. Führe es nach deinen Regeln. Das ist mein oberstes Prinzip, wenn ich meine Schüler ausbilde.

Meine große Hoffnung ist, dass dieses Buch dir einen sachlicheren, einfacheren und ermutigenderen Einstieg in die Tierkommunikation erschafft, als alle Bücher, die ich lesen durfte. Vielleicht hast du mit dem Lesen eine bessere Idee bekommen, was Tierkommunikation ist oder wie du sie betreiben möchtest. Im besten Fall traust du dich, nach Einverständnis des zugehörigen Menschen, einfach mit fremden Pferden oder sogar deinem eigenen Pferd oder anderen Tieren zu sprechen und erlebst dabei ein paar Aha-Momente und Erfolgserlebnisse. Das würde mich wirklich sehr freuen.
Ganz egal, wie du dieses Buch benutzen wirst. Dass du es gelesen hast, bedeutet ganz klar, dass du einen Auftrag angenommen hast. Du hast dich bereiterklärt, den Pferden und vielleicht auch anderen Tieren wahrhaftig zuzuhören. Es gibt nun kein Zurück mehr.

Viel Spaß beim Üben und liebe Grüße an dein Pferd,
deine Catherin

KAPITEL 6

SERVICE

Dieses Buch lehrt dich die ersten Schritte zur Tierkommunikation. Wenn du lernen möchtest, auf professioneller Basis mit Tieren zu sprechen, bin ich als Lehrerin gern für dich da. Gib deinem Berufsleben einen tieferen Sinn, nimm deinen Auftrag an. Denn »Beruf« kommt von »Berufung«.

Mein Aus- und Fortbildungsangebot

Derzeit unterrichte ich Tierkommunikation in Deutschland einmal jährlich, in Costa Rica einmal jährlich auf Deutsch und einmal jährlich auf Englisch.

PFERDEFLÜSTERER AUSBILDUNG IN DEUTSCHLAND

Dies ist meine umfangreichste Ausbildung. Absolventen der Pferdeflüsterer Ausbildung werden professionelle Tierkommunikatoren mit Fachrichtung Pferd. Sie zertifizieren sich, professionelle Pferde- und Tiergespräche über Distanz anzubieten und darüber hinaus vor Ort im Stall für Mensch und Pferd zu kommunizieren. Diese Ausbildung geht über drei Wochen und besteht aus fünf aufeinander aufbauenden Modulen. Die Ausbildung zum Pferdeflüsterer enthält auch ein Modul für die Arbeit an sich selbst, um die von den eigenen Pferden angesprochenen Themen zu verstehen und zu prozessieren. Es sind sechs Teilnehmer und drei Teilnehmerpferde dabei. Die mitgebrachten Pferde und ihre Menschen erleben einen intensiven Prozess, in welchem sie mehrmals gesprochen und gecoacht werden, um eine tiefere Verbindung und größeres Verständnis füreinander zu erlangen. Auch die Teilnehmer ohne mitgebrachte Pferde sprechen mit ihren Tieren. Anhand der Pferd-Mensch-Paare erleben und lernen alle Teilnehmer, was die Arbeit als Tierkommunikatorin für Pferde erreichen kann und wie sie wirkt. Die Entwicklung eines angehörten Pferdes und die damit entstehende Heilung und Verbindung zu seinem Menschen ist hier sehr schön sichtbar.

INTENSIVAUSBILDUNG TIERKOMMUNIKATION IN COSTA RICA

In dieser Ausbildung zertifizieren sich die Absolventen dazu, professionelle Tiergespräche mit allen Tieren über jegliche Distanz zu führen. Darüber hinaus können sie erlernte Dienstleistungen wie Energiebehandlungen und schamanische Reisen mit Krafttiergesprächen für ihre Kunden anbieten.
Diese Ausbildung findet direkt bei uns am Strand in schönster Natur statt. Sie besteht aus drei Modulen und einem Abenteuertag, an dem wir Wale im Meer erleben. Sie dauert über zwei Wochen. Die hier lebenden Wildtiere wie Papageien, Leguane, Affen, Kolibris, Krokodile, Wale, Schildkröten, Delfine und Nasenbären sind dabei unsere Gesprächspartner, ebenso die Haustiere der Teilnehmer. Der Fokus dieser Ausbildung liegt auf der Verbindung zu den Tieren und der Natur. Wir arbeiten unter Palmen, trinken Kokosnüsse frisch vom Baum, meditieren am Strand und sprechen mit meinen freilaufenden Pferden und Hunden.
Dieselbe Ausbildung findet in Costa Rica auch auf Englisch statt und nennt sich Animal communication training. Sie ist international durchführbar, wenn ein Organisator mir passende Bedingungen schafft.

BISONTE'ORO RETREAT FÜR TIERKOMMUNIKATOREN

Dieses Retreat ist für bereits als professionelle Tierkommunikatoren arbeitende Menschen, die gern mal wieder in die Schülerrolle schlüpfen würden und die sich meine Supervision wünschen.

Viele meiner Kolleginnen möchten ihre Arbeit gern auf ein neues, höheres Level heben, mehr Menschen und Tiere erreichen und eine größere Fülle für alle Beteiligten dabei erleben. Aufgrund meiner Arbeitserfahrung als vollberufliche Tierkommunikatorin seit 2009 mit viel öffentlichem Interesse und großem Kundenstrom habe ich selbst ein stetiges Wachstum mit vielen Herausforderungen erlebt, dessen Geheimnisse ich hier weitergebe. Es geht darum, seine Arbeit in Aufrichtung, wahrer Größe und Ausdehnung zu absolvieren. Die professionelle Haltung und Präsenz wird hier vertieft und gefestigt.

Das Programm besteht aus zwei Modulen und einem Erlebnistag (wir treffen Wale und Delfine) an insgesamt neun Tagen und findet bei uns am Strand in schönster Natur gemeinsam mit den hiesigen Wildtieren, meinen Pferden und Hunden statt. Dieses Retreat findet nicht regelmäßig statt.

Alle Informationen findest du unter https://www.pferde-verstehen.de

GLOSSAR

Ego: Mit »Ego« ist die eigene Kopfstimme gemeint, die uns ständig selbst bewertet, beurteilt, anzweifelt, berät und beschäftigt hält. Das Ego kann bremsend wirken, wenn es zu negativ über die eigenen Fähigkeiten urteilt und mit Zweifelgedanken von Taten abhält (»Du kannst das sowieso nicht, lass‘ es lieber gleich und spare dir die Enttäuschung.«) oder aber zu Fehlinformationen im Tiergespräch führen, wenn es sich zu wichtig nimmt, zu sehr analysiert und mithelfen will in der Tierkommunikation. (»Ich bin schließlich Tierheilpraktikerin und weiß, dass das Pferd eine Darmkur braucht, wenn es Kotwasser hat. Ich schlage die Darmkur dem Pferd so eindringlich vor, dass es dazu ‚Ja‘ sagen wird, obwohl es eigentlich andere Dinge zu sagen hätte, wenn ich es aussprechen lassen würde.«) Wer als Tierkommunikatorin zu sehr aufs Ego hört, kann schlechter wahrnehmen, was das Tier sagt, weil die Kopfstimme zu dominant ist und das Tiergespräch damit beeinflusst.

Esoterik: Esoterik ist ein Begriff, der sich auf Lehren, Praktiken und Überzeugungen bezieht, die sich auf geheimes oder verborgenes Wissen beziehen, die und nur von Eingeweihten verstanden werden. Nicht alle esoterischen Lehren sind spirituell.

Pferdegespräch: Hiermit ist das telepathische, nonverbale Gespräch mit einem Pferd gemeint. Es kann über jegliche Distanz, oder aber in direkter Nähe, mit dem eigenen oder einem fremden Pferd geführt werden.

Professionelle Haltung: Oder auch »Präsenz« von mir genannt. Eine physisch-energetische und mentale Haltung, in die sich eine Tierkommunikatorin begibt, bevor sie ins Kundengespräch geht. Hierbei werden persönliche Themen und private Persönlichkeitsanteile herausgelassen. Dafür werden die wichtigsten Eigenschaften der Arbeitspersönlichkeit besonders präsent gemacht, um in einer möglichst neutralen, hilfreichen Ausrichtung einen möglichst großen Gesprächsraum für Tier und Mensch zu schaffen, ohne die Aussagen zu beurteilen.

Professionelles Pferdegespräch: Ein professionelles Pferdegespräch dient dazu, dem Pferd die Möglichkeit zu geben, sich möglichst allumfassend zu äußern, und darauf basierend zwischen Mensch und Pferd zu vermitteln. Die Gesprächsinhalte werden vom fragenden Pferdebesitzer und dem Pferd bestimmt. Das Gespräch findet in einer professionellen Haltung statt, in welcher der Gesprächsführende keine persönlichen Themen oder Meinungen mit einbringt, um das Pferdegespräch nicht einzufärben und unbewusst zu beeinflussen.

Spiritualität: Spiritualität bezieht sich auf eine individuelle oder kollektive Suche nach Sinn, Zweck und Transzendenz im Leben. Sie beinhaltet oft eine Anerkennung von etwas Größerem oder Höherem als das rein Materielle. Spiritualität kann in vielen Formen auftreten, darunter persönliche Reflexion, Naturverbundenheit, Mitgefühl und ethisches Handeln.

Telepathie: Gedankenübertragung zwischen Lebewesen über jegliche Distanz. Die Fähigkeit zur Telepathie ist ein natürlicher Sinn unseres Körpers.

Tiergespräch: Telepathisches Gespräch mit einem Tier jeglicher Tierart oder Rasse über Distanz oder vor Ort.

Tierkommunikation: Hiermit ist ausschließlich der telepathische Austausch mit Tieren gemeint. Dieser Begriff wurde in Amerika geformt (»animal communication«) und ins Deutsche übernommen. Die Praktik, mit Tieren telepathisch zu sprechen, ist für jedermann zugänglich und wiedererlernbar.

Übungshaltung: Eine neugierige, freudige und empathische Anfängerhaltung auf ganz privater Basis, mit der man in seine Übungspferdegespräche geht, ohne Anspruch an sich selbst oder an die Gesprächsinhalte und Ergebnisse. Hierbei spricht der Mensch auf rein freundschaftlicher Ebene mit dem Pferd und darf seine privaten Persönlichkeitsanteile mitsprechen lassen, um ein Gespräch unter Freunden zu führen und seine Fähigkeiten auszuprobieren. Alle erhaltenen Antworten vom Pferd sind hierbei ohne Gewähr und ohne Anspruch auf Vollständigkeit oder Korrektheit.

Übungspferdegespräch: Dieses Pferdegespräch dient der Erweiterung des eigenen Erfahrungsschatzes und ist eher

einseitig. Der Übende versucht, ohne Hilfsanspruch, möglichst viele Informationen auf telepathischem Wege vom Pferd zu erhalten, um danach per Rückmeldung vom Besitzer seine Ergebnisse zu bestätigen.

Zum Weiterlesen

Jones, Janet L.: **Horse Brain – Human Brain**, Erkenntnisse aus der Neurowissenschaft – Wie Pferd & Mensch denken, fühlen, handeln; KOSMOS 2022
Wahrnehmen, fühlen, denken, handeln: Das Gehirn steuert das Verhalten – beim Pferd ebenso wie beim Menschen. Doch Pferde nehmen die Welt ganz anders wahr, als wir es tun: Sie sehen und hören andere Dinge und nutzen verstärkt Sinne, die bei uns Menschen weniger ausgeprägt sind. Die Neurowissenschaftlerin Janet Jones erklärt, welche Gemeinsamkeiten und Unterschiede es in Aufbau und Funktion des Gehirns bei Mensch und Pferd gibt und wie wir dieses Wissen anwenden können, um die Welt mit den Augen des Pferdes zu sehen.

Kutsch, Andrea: **Aus dem Blickwinkel des Pferdes**, Neue Wege in der Ausbildung; KOSMOS 2019
Mit der von Andrea Kutsch entwickelten EBEC-Methode (Evidence Based Equine Communication) ist es erstmals möglich, die Perspektive des Pferdes einzunehmen. In diesem Buch beschreibt sie die neuesten Erkenntnisse über Pferdeverhalten und erläutert die Anwendung ihrer wissenschaftlich basierten Methoden in der Praxis.

Lubetzki, Marc: **Im Kreis der Herde**, Von wilden Pferden lernen; KOSMOS 2019
Tierfilmer Marc Lubetzki beobachtet und filmt seit 2012 ausschließlich Wildpferde. Während der Dreharbeiten wird er selbst Teil der Herde. Wie er das Vertrauen der Tiere gewinnt, und welche Schlüsse er aus seinen einzigartigen Beobachtungen zieht, beschreibt er in diesem Buch. Es gelingt ihm, Missverständnisse wie z. B. die Leithengst-Lüge aufzuklären und dadurch neue Anregungen für die Haltung und den Umgang mit Hauspferden zu geben.

Lubetzki, Marc: **Im Gespräch mit wilden Pferden**, Natürlich kommunizieren – die Koniks machen es uns vor; KOSMOS 2022
Im zweiten Buch des Tierfilmers Marc Lubetzki liegt der Schwerpunkt auf der Entschlüsselung der Pferdesprache und Kommunikation. Es zeigt, wie dem Autor die Annäherung an die frei lebenden Koniks und ein vertrauensvoller Austausch mit ihnen gelingt. Die Grundlage einer natürlichen Kommunikation mit Pferden sind die fünf verschiedenen Ebenen einer Beziehung, die sich auch auf unsere Hauspferde übertragen lassen.

Podhajsky, Alois: **Meine Lehrmeister die Pferde**, Erinnerungen an ein großes Reiterleben; KOSMOS 2023
Die Spanische Hofreitschule in Wien und ihre Lippizaner sind Reitern in aller Welt bekannt. Beinahe ebenso bekannt ist ihr ehemaliger Leiter Alois Podhajsky. In diesem Klassiker der Reitliteratur berichtet Alois Podhajsky von den Pferden unterschiedlichster Veranlagung und Talente, die ihn begleitet und geprägt haben.

Seib, Catherin: **Wahre Freundschaft mit Pferden**, Erlebnisse einer Tierkommunikatorin, KOSMOS 2022
Tierkommunikatorin Catherin Seib kommuniziert auf telepathischem Wege mit Pferden und gibt diese Fähigkeit in ihren Kursen weiter. In ihrem Buch erzählt sie berührende, verblüffende und aufklärende Erlebnisse und Fallbeispiele aus ihrer täglichen Praxis. Ihre Erfahrungen machen Mut, auch unkonventionelle Wege zu gehen, die eigene Empathie und Intuition zu stärken und auf sein Pferd zu hören.

Wild, Jenny/Claßen, Peer: **Horsemanship lernen mit Jenny & Peer**, Die wichtigsten Basisübungen; KOSMOS 2023

Es sind nicht die Pferde, die unsere Sprache lernen müssen, sondern wir müssen die Sprache der Pferde lernen. Übungen sind hierbei immer nur Mittel zum Zweck. Das Wichtigste ist, dass du ein Gefühl für dein Pferd und auch für dich selbst entwickelst. In diesem Buch findest du wichtige Übungen für eine bessere Kommunikation mit deinem Pferd. Vor allem aber wirst du lernen, so an dir selbst zu arbeiten, dass dein Pferd dich mit anderen Augen sehen kann. Ziel ist es, der Mensch zu werden, den dein Pferd sich wünscht.

Wilsie, Sharon/Vogel, Gretchen: **Sprachkurs Pferd**, Pferdesprache lernen in 12 Schritten; KOSMOS 2018
Jedes Zucken von Ohr oder Nüster, jede Bewegung des Pferdes hat eine Bedeutung. Pferde reden mit uns, doch die meiste Zeit übersehen wir diese Signale. Mit diesem Übersetzungshelfer lernen wir, die Sprache unserer Pferde zu verstehen und uns mit ihnen so zu unterhalten, dass sie unsere Wünsche verstehen und sich verstanden fühlen.

Wilsie, Sharon: **Sprachkurs Pferd**, Das Trainingsbuch; KOSMOS 2023
Im »Sprachkurs Pferd« hat Sharon Wilsie gezeigt, wie es gelingt, eine ganz wundervolle Verbindung zwischen Mensch und Pferd zu schaffen. Nun geht es weiter: Horse Speak® unterstützt Reiter auch bei der täglichen Arbeit mit dem Pferd. Die Sprache des Pferdes zu verstehen und in den Dialog mit ihm zu treten, hilft dabei, das Pferd sicherer zu machen und es weiter auszubilden.

Register

BILDNACHWEIS

Catherin Seib fotografierte 24 Farbfotos für dieses Buch (S. 13, 25, 26, 27, 33, 35, 38, 45, 48, 54, 56, 57, 62, 71, 75, 82, 85, 90, 94, 97, 98, 105, 107).
Weitere Bilder sind von Tanja Mikolcic (16): S. 5, 8, 10, 22, 28, 30, 60, 66, 76, 86, 89, 93, 96, 99, 100, 103), John Wesley Faber (5): S. 6, 50, 64, 109 und 112.
1 Farbfoto ist von Martin Hlavac auf S. 78 – Ruhe in Frieden.

Mit 2 Farbillustrationen von Jana Mechmershausen (S. 18, 42).

IMPRESSUM

Umschlaggestaltung von GRAMISCI Editorial Design, Isabell Fischer, München unter Verwendung von 4 Farbfotos von Tanja Mikolcic (U1, U4, Außenklappen) und 3 Farbfotos von Catherin Seib (Innenklappe).

Mit 45 Farbfotos und 2 Farbillustrationen

Alle Angaben in diesem Buch erfolgen nach bestem Wissen und Gewissen. Sorgfalt bei der Umsetzung ist indes dennoch geboten. Der Verlag und die Autorin übernehmen keinerlei Haftung für Personen-, Sach- oder Vermögensschäden, die aus der Anwendung der vorgestellten Materialien, Methoden oder Informationen entstehen könnten.

Unser gesamtes Programm finden Sie unter **kosmos.pferd.de**
Über Neuigkeiten informieren Sie regelmäßig unsere Newsletter, einfach anmelden unter **kosmos.de/newsletter**

Gedruckt auf chlorfrei gebleichtem Papier

ISBN 978-3-440-17744-0
Projektleitung und Redaktion: Alexandra Haungs
Gestaltungskonzept: Gramisci Editorial Design, München
Gestaltung und Satz: Atelier Krohmer, Dettingen/Erms
Produktion: Claudia Frank
Druck und Bindung: Westermann Druck Zwickau GmbH, Zwickau
Printed in Germany / Imprimé en Allemagne

FSC
www.fsc.org
MIX
Papier | Fördert gute Waldnutzung
FSC® C110508